教材编写组

编　著　丛佃伟

参　编　李崇辉　李军正　刘　婧

马智刚　韩春阳

前 言

卫星导航系统是现代国防和国民经济建设不可或缺的重大空间信息基础设施，已全面服务国防建设、公共安全、大地测量、工程测量、海洋测绘、防灾减灾、交通运输、智慧城市、农林牧渔等领域，深度融入通信、电力、金融等国家核心基础设施建设。

北斗卫星导航系统是中国改革开放40余年来取得的重要成就之一，是新中国成立70年来的重大科技成就之一，是中国贡献给世界的全球公共服务产品。我国卫星导航与位置服务产业总体产值常年保持高速增长态势，2023年总体产值已达到5 362亿元。随着卫星导航系统与新一代通信、区块链、物联网、大数据、人工智能等新技术深度融合，卫星导航应用新模式、新业态、新经济不断涌现，本书编著的目的便是详细介绍卫星导航系统在主要行业领域的典型应用。

全书共9章：第1章主要介绍全球导航卫星系统的建设情况；第2章介绍了卫星导航应用开发相关的基础知识；第3章主要讲述在国防建设和公共安全领域的应用；第4章主要讲述在高精度测量领域的应用；第5章主要讲述在交通运输和智慧城市领域的应用；第6章主要讲述在农、林、渔业领域的应用；第7章主要讲述在通信、电力、金融领域的应用；第8章主要讲述在气象学和遥感领域的应用；第9章主要讲述北斗大众领域的应用及开发示例。本次撰写工作得到了智慧地球重点实验室、国家自然科学基金（项目编号：42374011）和河南省优秀青年基金（项目编号：242300421150）的大力支持。

本书内容系统全面、通俗易懂、深入浅出，体现了实用性和现势性，兼顾多个应用领域的技术背景及卫星导航应用需求，能够作为高等院校卫星导航通识教材。

限于编者水平，书中难免有疏漏和不妥之处，敬请各位读者不吝赐教，电子邮件可发送至congdianwei@sina.com，与编者直接联系。

编　者

2024年6月

目　录

第一章 全球导航卫星系统

全球导航卫星系统(global navigation satellite system,GNSS)能够提供全天候、全天时、高精度定位、导航、通信和授时服务,是建立统一时空基准的有效方式,是现代国防和国民经济建设不可或缺的重大空间信息基础设施。世界上主要国家和组织均积极建设独立的卫星导航系统,目前已经发展了全球定位系统(Global Positioning System,GPS)、格洛纳斯卫星导航系统(Global Navigation Satellite System,GLONASS)、北斗卫星导航系统(BeiDou Navigation Satellite System,BDS)、伽利略卫星导航系统(Galileo Navigation Satellite System,Galileo)四个全球范围内的卫星导航系统。

北斗卫星导航系统是我国自主发展、独立运行、分阶段建设的卫星导航系统。目标是建成独立自主、开放兼容、技术先进、稳定可靠的覆盖全球的卫星导航系统,促进卫星导航产业链形成,构建完善的国家卫星导航产业支撑、推广和保障体系,推动卫星导航系统在各行业的广泛应用。我国20世纪80年代开始探索适合国情的卫星导航系统发展道路,形成了"三步走"发展战略。按照"质量、安全、应用、效益"的总要求,北斗一号卫星导航系统于2000年底建成,并向国内提供服务;北斗二号卫星导航系统于2012年12月建成,并向亚太地区提供服务;北斗三号基本系统星座部署于2018年12月圆满完成,开始向全球提供服务;2020年7月北斗三号卫星导航系统全面建成并提供全球服务。我国北斗卫星导航系统具备提供全球导航、定位和授时服务的能力。北斗卫星导航系统的建设实践,形成了一种由在区域快速形成服务能力逐步扩展为全球服务的发展路径,丰富了世界卫星导航事业的发展模式。

在推进北斗卫星导航系统建设的进程中,我国始终坚持"自主、开放、兼容、渐进"的发展原则,即:坚持自主建设、发展和运行北斗卫星导航系统,使其具备向全球用户独立提供卫星导航服务的能力;免费提供卫星导航公开服务,鼓励开展全方位、多层次、高水平的国际交流与合作;提倡与其他卫星导航系统兼容和互操作,鼓励国际交流与合作,致力于为全球用户提供更好的服务;分步推进北斗卫星导航系统建设,持续提升北斗卫星导航系统服务性能,推动卫星导航产业健康、快速、持续发展。本章将对北斗一号、北斗二号、北斗三号卫星导航系统进行重点介绍。

1.1 北斗一号卫星导航系统

北斗一号卫星导航系统是一个完整的卫星导航系统,拥有完整的技术、战术指标和明确的服务目标、服务范围、定位精度、响应时间等,是我国独立自主建立的第一个卫星导航系统。它的成功研制标志着我国解决了自主卫星导航系统的有无问题。该系统卫星数量少、投资小,能实现一定区域的导航、定位、通信等多种功能,基本满足当时我国导航、定位用户的急需,是一个实用的、投资少的系统。下面对北斗一号卫星导航系统的建设背景及过程、系统组成及主要功能进行简要介绍。

1.1.1 建设背景及过程

陈芳允院士是我国卫星测量和控制技术的奠基人之一，1999 年被授予“两弹一星功勋奖章”。1983 年由其带领的专家团队，提出了使用两颗地球静止轨道(geostationary earth orbit,GEO)卫星实现区域导航功能的双星定位系统设想。1989 年 9 月我国首次利用两颗地球同步通信卫星进行了快速定位通信演示试验，并获得圆满成功。1993 年 12 月有关单位上报了双星导航定位系统工程立项的请示，1994 年国家正式批准项目进入工程建设。

2000 年 10 月 31 日、12 月 21 日我国陆续发射了两颗地球静止轨道的地球同步卫星作为导航卫星(定点在东经 140°和东经 80°)，北斗一号卫星导航系统建成并投入使用。2003 年 5 月 25 日我国在西昌卫星发射中心用“长征三号甲”运载火箭成功将第三颗导航卫星(备份卫星，定点在东经 110.5°)送入太空，进一步增强系统性能。北斗一号卫星导航系统是利用两颗地球同步卫星及相应的地面设备，为用户提供快速导航、定位、简短数字报文通信和高精度授时服务的一种全天候、区域性的卫星导航系统。系统的建成填补了我国卫星导航定位领域的空白，揭开了我国卫星导航事业发展的新篇章。

1.1.2 系统组成

1. 空间星座

空间星座部分由 3 颗地球同步卫星组成，其中 2 颗为工作卫星，1 颗为在轨备份卫星。2 颗工作卫星分别位于东经 80°和东经 140°，在轨备份卫星位于东经 110.5°。2007 年又补发了 1 颗替代卫星。卫星发射情况如表 1.1 所示，目前发射的几颗卫星均已退役。

表 1.1 北斗一号卫星导航系统卫星发射情况

发射日期	卫星轨道	运载火箭	卫星当前状态
2000-10-31	GEO 140°E	CZ-3A	退役
2000-12-21	GEO 80°E	CZ-3A	退役
2003-05-25	GEO 110.5°E	CZ-3A	退役
2007-02-03	GEO 86°E	CZ-3A	退役

卫星的主要任务是完成中心控制系统(也称为中心站)和用户机之间的双向无线电信号转发，并作为用户定位的空间基准。每颗卫星上的主要载荷是变频转发器、S 天线(2 个波束)和 L 天线(2 个波束)。2 颗卫星的 4 个 S 波束分区覆盖全服务区，每颗卫星的 2 个 L 波束分区覆盖全服务区，在轨备份卫星的 S/L 波束可随时替代任一颗工作卫星的 S/L 波束。除此以外，卫星还具有执行测控子系统对卫星状态的测量任务和接收地面中心控制系统对有效载荷的控制命令的能力。

2. 地面运行控制系统

地面运行控制系统包括中心控制系统和标校系统两部分。标校系统包括定轨标校站、定位及测高标校站，一般均为无人值守的自动数据采集站，在中心控制系统的控制下工作。

中心控制系统是信息处理、控制和管理中心，具有全系统信息的产生、收集、处理与工况测控等功能，由信号收发、信息处理、时统、监控、业务测控和测试 6 个分系统及配套设备组成。由于计算和处理都集中在中心控制系统完成，所以中心控制系统是地面运行控制系统的中枢。中心控制系统的主要任务是：

(1)产生并向用户机发送询问信号和标准时间信号(即出站信号),接收用户机应答信号(即入站信号)。

(2)确定卫星实时位置,并通过出站信号向用户机提供卫星位置参数。

(3)向用户提供定位和授时服务,并存储用户有关信息。

(4)转发用户间通信信息或与用户进行报文通信。

(5)监视并控制卫星有效载荷和地面应用系统的工况。

(6)对新入网用户机进行性能指标测试和入网注册登记。

(7)根据需要临时控制部分用户机的工作和关闭个别用户机。

(8)可根据需要对标校机有关工作参数进行控制等。

标校系统是地面运行控制系统的组成部分之一,由分设在服务区内若干已知点上的各类标校站组成。标校系统利用中心控制系统的时间同步机理,完成中心控制系统经卫星至标校机的往返距离测量,为卫星轨道确定、电离层折射延迟校正、气压测高校正提供距离观测量和校正参数。标校站按其用途分为测轨、定位和测高三类标校站。测轨标校站为系统确定卫星实时位置提供观测数据;定位标校站为系统采用差分定位技术提供标准观测数据,以消除系统误差对定位精度的影响;测高标校站为系统计算用户参考高程提供气压、温度和湿度数据,以消除定位多值解。

3. 用户机

用户机由混频器和放大器、信号接收天线、发射装置、信息输入键盘和显示器等组成。主要任务是接收中心控制系统经卫星转发的询问测距信号,经混频和放大后注入有关信息,并由发射装置向 2 颗(或 1 颗)卫星发射应答信号。这里由于终端不仅接收卫星信号,还必须向卫星发射应答信号才能完成定位工作,因此区别于 GPS 接收机和 GLONASS 接收机的称呼,将这种需要发射应答信号的终端称为用户机。

1.1.3　系统功能与技术指标

北斗一号卫星导航系统具有快速导航定位、简短数字报文通信和高精度授时三大功能。用户机结合用户机端的电子地图、气压测高数据、图形化用户界面,为用户提供多种模式的定位、通信、导航、定时、指挥等功能。服务区域是北纬 5°～55°、东经 70°～145°间的心形区域,可覆盖我国本土和周边区域,在赤道附近定位性能略差。

1. 快速导航定位

用户机利用北斗卫星导航系统的定位服务能力,实现用户终端位置的快速确定和显示输出。用户机的定位方式包括单次定位、连续定位和紧急定位。用户机的定位结果采用 1954 北京坐标系和 1985 国家高程基准。用户机可为用户提供大地坐标、空间直角坐标、高斯平面直角坐标、墨卡托平面直角坐标等。系统水平定位精度为 20 m(无标校站地区为 100 m),高程精度为 10 m,评价方式均采用 1 倍标准差。

系统的全部数据处理集中于地面中心控制系统。中心控制系统有庞大的数字化地图数据库和各种丰富的数字化信息资源。中心控制系统根据用户的定位信息,参考地图数据库可迅速地计算出用户前进目标的距离和方位,可对用户发出防碰撞紧急报警,可通知有关部门赶往出事地点进行紧急营救等。优先级最高的用户,从用户机发射应答信号到用户机收到定位结果,可以在 1 s 之内完成。

2. 简短数字报文通信

每台用户机都有专用地址，用户机 A 想和另一用户机 B 联系时，用户机 A 输入用户机 B 的地址码和通信电文，随应答信号送入地面中心控制系统。地面中心控制系统收到用户机 A 的应答信号后，译出要联系的用户机 B 的地址和通信电文，再向用户机 B 发送通信电文。非对应码的用户机解不出通信段内容，只出现干扰噪声。通信段的容量决定了通信的速度和可参加通信的用户机数量。

北斗用户机提供普通通信和特快通信两种通信方式。普通通信用于用户机间的点对点通信；特快通信用于紧急或特殊情况下的通信，中心控制系统优先处理，响应时间小于 5 s。两种方式下收信方收到正确的通信电文后，自动向中心控制系统发送通信回执。

通信等级决定了用户机一次传输通信电文的最大长度，如表 1.2 所示。通信等级参数存储在用户机的智能集成电路(IC)卡和中心控制系统数据库中，在配装注册时确定。

表 1.2 通信等级及电文最大长度说明

通信等级	电文最大长度	
	加密用户	非加密用户
1	10 个汉字/35 个代码	7 个汉字/27 个代码
2	25 个汉字/90 个代码	29 个汉字/102 个代码
3	41 个汉字/145 个代码	44 个汉字/157 个代码
4	120 个汉字/420 个代码	60 个汉字/212 个代码

3. 高精度授时服务

授时和通信、定位是在同一信道中完成的，地面中心控制系统原子钟产生标准时间和标准频率，通过询问信号将标准时间的时间码发送给用户机。通过用户机的应答信号，地面中心控制系统计算出时延，连同协调世界时(universal time coordinated，UTC)的改正数一起发送给用户机，用户机便可将钟差减去时延而得到用户机的协调世界时标准时间。

利用北斗一号卫星导航系统作为卫星授时手段，不仅具有 GPS 授时的优点，授时精度也更高，可在国家自主控制下为用户提供服务。可以实现以下功能：

(1)由北斗一号卫星导航系统发播协调世界时。

(2)北斗一号卫星导航系统的系统时间与标准协调世界时的同步误差可以保持在 1 μs(微秒，1 μs 为 10^{-6} s)以内，甚至做到几十纳秒(ns，1 ns 为 10^{-9} s)。

(3)时间传递精度为单向 100 ns、双向 20 ns。

北斗一号卫星导航系统是一个区域系统，能够覆盖我国及周边国家和地区，满足了我国一段时期的国防和国民经济建设需求。但受制于技术体制，该系统也存在一些不足，主要有以下几点：

(1)不能覆盖两极地区，赤道附近定位精度差，只能二维主动式定位，且需提供用户机高程数据。

(2)用户机必须向地面中心控制系统申请定位，才能获得定位信息，于是用户机的隐蔽性成问题。

(3)由于地面中心控制系统是北斗一号卫星导航系统的核心，地面中心控制系统一旦遭到攻击，整个卫星导航系统将陷入瘫痪。

(4)北斗一号卫星导航系统用户受限，用户过多会造成信道拥挤。

(5)信号需双向传送，很难满足高动态用户的定位要求。

为此，我国在建设北斗一号卫星导航系统的过程中便开始着手论证建设北斗二号卫星导航系统。

1.2 北斗二号卫星导航系统

北斗二号卫星工程是国家重大科技专项，是我国北斗卫星导航系统建设“三步走”发展战略承前启后的关键一步，其任务是建成覆盖我国及亚太地区的北斗二号卫星导航系统，满足我国经济社会发展和国防军队建设需求，保障国家安全和战略利益。2012 年 12 月正式向我国及亚太地区提供导航、定位、授时和短报文通信服务，性能达到国际先进水平。系统包括 14 颗组网卫星和 32 个地面站。

北斗二号卫星导航系统的建成创造了四个第一：国际上第一个将多功能融为一体的区域卫星导航系统，我国第一个与国际先进系统同台竞技的航天系统，我国第一个面向大众和国际用户的空间信息基础设施，我国第一个复杂星座组网的航天系统。北斗二号卫星工程荣获 2016 年度国家科学技术进步奖特等奖。下面对其建设过程、坐标系统、时间系统、系统功能与技术指标进行简要介绍。

1.2.1 建设过程

北斗二号卫星导航系统空间星座设计由 5 颗地球静止轨道卫星、5 颗倾斜地球同步轨道(inclined geo-synchronous orbit，IGSO)卫星和 4 颗中圆地球轨道(medium earth orbit，MEO)卫星组成，其中地球静止轨道卫星分别定点在东经 58.75°、东经 80°、东经 110.5°、东经 140°和东经 160°。2012 年底，完成北斗二号卫星导航系统建设任务。

北斗二号卫星导航系统一共发射了 20 颗导航卫星，除了 14 颗标称星座以外，还发射了备份卫星、试验卫星等 6 颗卫星。具体卫星发射情况如表 1.3 所示。

表 1.3 北斗二号卫星导航系统卫星发射情况

发射日期	卫星轨道	运载火箭	卫星当前状态
2007-04-14	MEO	CZ-3A	退役
2009-04-15	GEO	CZ-3C	退役
2010-01-17	GEO	CZ-3C	正常工作
2010-06-02	GEO	CZ-3C	在轨维护
2010-08-01	IGSO	CZ-3A	正常工作
2010-11-01	GEO	CZ-3C	正常工作
2010-12-18	IGSO	CZ-3A	正常工作
2011-04-10	IGSO	CZ-3A	正常工作
2011-07-27	IGSO	CZ-3A	正常工作
2011-12-02	IGSO	CZ-3A	正常工作
2012-02-25	GEO	CZ-3C	正常工作
2012-04-30	MEO	CZ-3B	正常工作
2012-04-30	MEO	CZ-3B	正常工作
2012-09-19	MEO	CZ-3B	退役
2012-09-19	MEO	CZ-3B	正常工作

续表

发射日期	卫星轨道	运载火箭	卫星当前状态
2012-10-25	GEO	CZ-3C	正常工作
2016-03-30	IGSO	CZ-3A	正常工作
2016-06-12	GEO	CZ-3C	正常工作
2018-07-10	IGSO	CZ-3B	正常工作
2019-05-17	GEO	CZ-3B	在轨测试

1.2.2 坐标系统

北斗二号卫星导航系统采用2000国家大地坐标系(China Geodetic Coordinate System 2000,CGCS2000)。2000国家大地坐标系定义如下:

(1)原点,包括海洋和大气的整个地球的质量中心。

(2)Z轴,指向国际地球自转和参考系统服务(International Earth Rotation and Reference Systems Service,IERS)组织定义的国际参考极(international reference pole,IRP)方向。

(3)X轴,国际地球自转和参考系统服务定义的国际参考子午面(international reference meridian,IRM)与通过原点且同Z轴正交的赤道面的交线。

(4)Y轴,与Z、X轴构成右手直角坐标系。

(5)长度单位,引力相对论意义下局部地球框架中的米。

(6)2000国家大地坐标系的参考历元为2000.0。

2000国家大地坐标系参考椭球定义的基本常数为:

(1)长半轴,$a=6\ 378\ 137$ m。

(2)地球引力常数(包含大气层),$GM=3.986\ 004\ 418\times10^{14}$ $\mathrm{m^3/s^2}$。

(3)扁率,$f=1/298.257\ 222\ 101$。

(4)地球自转角速度,$\omega=7.292\ 115\times10^{-5}$ rad/s。

北斗二号卫星导航系统的坐标系由以下3个层次的关系具体实现:

(1)监测站坐标。地面运行控制系统所有监测站坐标由具有专业测绘资质的测绘单位进行测量,与国家大地控制网相联系,获得2000国家大地坐标系下的坐标,并定期进行复测,确保监测站坐标与2000国家大地坐标系的一致性。

(2)卫星星历。地面运行控制系统以监测站坐标为基准进行精密定轨。在精密定轨过程中需要的国际天球参考系及相应的天文常数系统、地球引力位模型、零潮汐值系统等符合2000国家大地坐标系的定义。因而,由精密定轨结果外推得到的卫星坐标采用2000国家大地坐标系。

(3)用户位置。用户将导航电文中卫星星历作为其定位解算的基准,获得2000国家大地坐标系下的用户位置。

1.2.3 时间系统

北斗二号卫星导航系统的时间基准为北斗时(BDS time,BDT)。北斗时采用国际单位制秒为基本单位连续累计,不闰秒,起始历元为2006年1月1日0时0分0秒,采用周和周内秒计数。北斗时的时间标准是中国科学院国家授时中心(National Time Service Center of the Chinese Academy of Sciences,NTSC-CAS)建立并保持的原子时标准。北斗时通过该原子时经闰秒处理与协调世界时建立联系，北斗时与协调世界时的偏差保持在 100 ns 以内(模 1 秒)。北斗时与协调世界时之间的闰秒信息在导航电文中播报。

北斗卫星导航系统的所有卫星和监测站均采用北斗时作为标准时间，卫星星载原子钟实时时间信号与北斗时的时间偏差保持在 1 ms(毫秒)以内，地面站实时时间信号与北斗时的时间偏差保持在 1 μs 以内。

1.2.4　系统功能与技术指标

北斗二号卫星导航系统具有卫星无线电定位服务(radio determination service of satellite，RDSS)和卫星无线电导航服务(radio navigation service of satellite，RNSS)两种工作模式。北斗二号卫星导航系统 RDSS 工作模式水平定位精度为 20 m(无标校站地区为 100 m)，高程为 10 m；单向授时精度为 50 ns，双向授时精度为 10 ns。该模式具备每次 120 个汉字的短信息交换能力。

北斗二号卫星导航系统 RNSS 工作模式中下行导航信号分别工作在 B1、B2、B3 三个频率上。每个频率上有两种测距码：一种是普通测距码(C 码)，采用平衡 Gold 码序列，码周期为 1 ms，码长为 2 016 bit，可使接收机以较短的时间搜索和捕获北斗卫星发送的 C 码，主要用于普通用户导航；一种是精密测距码(P 码)，其选择无周期的长码，满足高精度测距、多路径识别、良好相关特性要求，P 码由精密测距码模块(precise ranging code module，PRM)产生，可通过对精密测距码模块注入，实现 P 码初相、生成多项式、组合逻辑参数、时效控制参数等编码参数的加载和更新，主要用于授权用户导航。系统提供开放服务和授权服务两种服务。开放服务为用户免费提供开放、稳定、可靠的基本定位、测速和授时服务，定位精度在重点区域为水平 10 m、高程 10 m；其他大部分地区为水平 20 m、高程 20 m；测速精度为 0.2 m/s，授时精度为 50 ns。授权服务为用户提供更高性能的定位、导航和授时服务，以及为亚太地区提供广域差分和短报文通信服务，广域差分定位精度为 1 m。

随着北斗二号卫星导航系统的建成，中国从根本上摆脱了对国外卫星导航系统的依赖，彻底掌握了时空基准控制权、卫星导航产业发展主动权，为我国国防安全和国民经济建设提供了有力保障。北斗卫星导航系统作为我国服务国际社会的公共产品，已成为代表中国的一张“国家名片”，可服务 50 多个国家、30 多亿人口，成为经联合国确认的全球四大卫星导航系统之一。

1.3　北斗三号卫星导航系统

1.3.1　建设过程

2009 年，我国启动北斗三号卫星导航系统建设，到 2020 年，完成 30 颗卫星发射组网。这 30 颗卫星包括 3 颗地球静止轨道卫星、3 颗倾斜地球同步轨道卫星和 24 颗中圆地球轨道卫星。地球静止轨道卫星轨道高度为 357 86 km，分别定点于东经 80°、东经 110.5°、东经 140°；倾斜地球同步轨道卫星轨道高度为 35 786 km，轨道倾角为 55°；中圆地球轨道卫星轨道高度为 21 528 km，轨道倾角为 55°。我国从 2015 年开始陆续发射 5 颗北斗三号卫星导航系统的试验卫星，顺利完成了星间测距等关键技术验证试验。2018 年 12 月 27 日北斗三号卫星导航系统基本系统建设完成并开始提供全球服务。2020 年 6 月 23 日，随着北斗卫星导航系统第 55 颗卫星顺利入轨，北斗三号卫星导航系统正式完成“3GEO＋3IGSO＋24MEO”卫星组成的混合星座建设，提前半年完成组网任务。2020 年 7 月 31 日，北斗三号卫星导航系统正式开通，面向全世界提供服务。北斗三号卫星导航系统卫星发射情况如表 1.4 所示。北斗三号卫星导航系统继承有源服务和无源服务两种技术体制，为全球用户提供定位、导航、授时、全球短报文通信和国际搜救服务，同时可为中国及周边地区用户提供星基增强、地基增强、精密单点定位和区域短报文通信等服务。

表 1.4 北斗三号卫星导航系统卫星发射情况

发射日期	数量及卫星轨道	运载火箭	卫星当前状态
2015-03-30	1 颗 IGSO	CZ-3C	在轨试验
2015-07-25	2 颗 MEO	CZ-3B	在轨试验
2015-09-30	1 颗 IGSO	CZ-3B	在轨试验
2016-02-01	1 颗 MEO	CZ-3C	在轨试验
2017-11-05	2 颗 MEO	CZ-3B	正常工作
2018-01-12	2 颗 MEO	CZ-3B	正常工作
2018-02-11	2 颗 MEO	CZ-3B	正常工作
2018-03-30	2 颗 MEO	CZ-3B	正常工作
2018-07-29	2 颗 MEO	CZ-3B	正常工作
2018-08-25	2 颗 MEO	CZ-3B	正常工作
2018-09-19	2 颗 MEO	CZ-3B	正常工作
2018-10-15	2 颗 MEO	CZ-3B	正常工作
2018-11-01	1 颗 GEO	CZ-3B	正常工作
2018-11-19	2 颗 MEO	CZ-3B	正常工作
2019-04-20	1 颗 IGSO	CZ-3B	正常工作
2019-06-25	1 颗 IGSO	CZ-3B	正常工作
2019-09-23	2 颗 MEO	CZ-3B	正常工作
2019-11-05	1 颗 IGSO	CZ-3B	正常工作
2019-11-23	2 颗 MEO	CZ-3B	正常工作
2019-12-16	2 颗 MEO	CZ-3B	正常工作
2020-03-09	1 颗 GEO	CZ-3B	正常工作
2020-06-23	1 颗 GEO	CZ-3B	在轨测试
2023-05-17	1 颗 GEO	CZ-3B	在轨测试
2023-12-26	2 颗 MEO	CZ-3B	在轨测试

北斗三号卫星导航系统采用北斗坐标系(BeiDou coordinate system，BDCS)。北斗坐标系的定义符合国际地球自转和参考系统服务组织的规范，采用 2000 国家大地坐标系的参考椭球参数，对准最新的国际地球参考框架(international terrestrial reference frame，ITRF)，每年更新一次。北斗三号卫星导航系统的时间基准为北斗时。

2016 年 6 月 16 日，我国发布了卫星导航领域的首部白皮书《中国北斗卫星导航系统》，向全世界宣示发展原则和主张。2017 年 8 月，中国卫星导航系统管理办公室发布了《北斗卫星导航系统空间信号接口控制文件公开服务信号 B1C 和 B2a(测试版)》，B1C 信号为新增信号，B2a 信号将取代 B2I 信号，两个信号在北斗三号中圆地球轨道卫星和倾斜地球同步轨道卫星上播发，提供公开服务，B1I 信号在所有北斗三号卫星上播发，提供公开服务，地球静止轨道卫星按照国际标准提供星基增强服务(satellite-based augmentation system,SBAS),相关信号参考国际民航标准。2017 年 12 月,发布了《北斗卫星导航系统空间信号接口控制文件公开服务信号 B1C(1.0 版)》和《北斗卫星导航系统空间信号接口控制文件公开服务信号 B2a(1.0 版)》。2018 年 2 月,发布了《北斗卫星导航系统空间信号接口控制文件公开服务信号 B3I(1.0 版)》。2018 年 12 月,发布了《北斗卫星导航系统公开服务性能规范(2.0 版)》。2019 年 12 月,发布了《北斗卫星导航系统空间信号接口控制文件公开服务信号 B2b(测试版)》《北斗卫星导航系统空间信号接口控制文件精密单点定位服务信号 PPP-B2b(测试版)》《北斗卫星导航系统应用服务体系(1.0 版)》等规范性文件。2020 年 7 月,发布了《北斗卫星导航系统空间信号接口控制文件公开服务信号 B2b(1.0 版)》《北斗卫星导航系统空间信号接口控制文件精密单点定位服务信号 PPP-B2b(1.0 版)》《北斗卫星导航系统空间信号接口控制文件星基增强服务信号 BDSBAS-B1C(1.0 版)》《北斗卫星导航系统空间信号接口控制文件国际搜救服务(1.0 版)》《北斗卫星导航系统地基增强服务接口控制文件(1.0 版)》等规范性文件。发布的接口控制文件已覆盖全部 7 类服务,为北斗卫星导航系统的应用推广奠定了基础,为全球用户享受优质服务提供了保障。

1.3.2　主要技术指标

北斗三号卫星导航系统搭载了更高性能的星载铷原子钟和氢原子钟,进一步提高了卫星性能与寿命,构建了稳定可靠的星间链路。北斗三号卫星导航系统建立了高精度时间和空间基准,增加了星间链路运行管理设施,实现了基于星地和星间链路联合观测的卫星轨道和钟差测定业务,具备定位、导航、测速、授时等全球基本服务能力;同时,开展了短报文通信、星基增强、国际搜救、精密单点定位等服务的地面设施建设。北斗三号卫星导航系统向前兼容北斗二号卫星导航系统，能够向用户提供连续、稳定、可靠服务。

北斗卫星导航系统通过各类卫星提供的服务类型如表 1.5 所示。

表 1.5　北斗卫星导航系统提供的服务类型

服务类型		信号频段	播发手段
全球范围	定位导航授时	B1I、B3I	3GEO +3IGSO+24MEO
		B1C、B2a、B2b	3IGSO+24MEO
	全球短报文通信	上行:L 下行:GSMC-B2b	上行:14MEO 下行:3IGSO+24MEO
	国际搜救	上行:UHF 下行:SAR-B2b	上行:6MEO 下行:3IGSO+24MEO
中国及周边地区①	星基增强	BDSBAS-B1C、BDSBAS-B2a	3GEO
	地基增强	2G、3G、4G、5G	移动通信网络、互联网
	精密单点定位	PPP-B2b	3GEO
	区域短报文通信	上行:L 下行:S	3GEO

①中国及周边地区的服务范围大致包括东经 75°至 135°、北纬 10°至 55°的区域。

北斗卫星导航系统具备的主要性能如下:

(1)定位导航授时服务。为全球用户提供服务,空间信号精度优于 0.5 m;全球定位精度优于 10 m,测速精度优于 0.2 m/s,授时精度优于 20 ns;亚太地区定位精度优于 5 m,测速精度优于 0.1 m/s,授时精度优于 10 ns,整体性能大幅提升。

(2)短报文通信服务。区域短报文通信服务,服务容量提高到 1 000 万次/h,接收机发射功率降低到 1~3 W,单次通信能力为 1 000 个汉字(14 000 bit);全球短报文通信服务,单次通信能力为 40 个汉字(560 bit) 。

(3)星基增强服务。按照国际民航组织标准,服务中国及周边地区用户,支持单频及双频多星座两种增强服务模式,满足国际民航组织相关性能要求。

(4)地基增强服务。利用移动通信网络或互联网,向北斗基准站网覆盖区内的用户提供米级、分米级、厘米级、毫米级高精度定位服务。

(5)精密单点定位服务。服务中国及周边地区用户,提供动态分米级、静态厘米级的精密定位服务。

(6)国际搜救服务。按照国际搜救卫星组织相关标准,与其他卫星导航系统共同组成全球中轨搜救系统,服务全球用户。同时提供返向链路,极大提升了搜救效率和服务能力。

北斗三号卫星导航系统具有以下特点:

(1)空间段采用三种轨道卫星组成的混合星座,与其他卫星导航系统相比,高轨卫星更多,抗遮挡能力强,尤其在低纬度地区性能优势更为明显。

(2)提供多个频点的导航信号,能够通过多频信号组合使用等方式提高服务精度。

(3)创新融合导航与通信功能,具备定位导航授时、星基增强、地基增强、精密单点定位、短报文通信和国际搜救等多种服务能力。2035 年前,我国还将以北斗卫星导航系统为核心,建设完善更加泛在、更加融合、更加智能的国家综合定位导航授时体系。

1.4 国外全球导航卫星系统

1.4.1 GPS

GPS 自问世以来,就以其高精度、全天候、全球覆盖、使用方便等特点吸引了众多用户。GPS 由美国从 20 世纪 70 年代开始研制,历时 20 年,耗资 200 亿美元,于 1994 年全面建成,是具有在海、陆、空进行全方位实时三维导航与定位功能的新一代卫星导航与定位系统。该系统主要由空间星座部分、地面监控部分和用户设备部分组成。

空间星座部分采用 24 颗高度约为 20 200 km 的卫星组成卫星星座,卫星分布在 6 个轨道面上,卫星轨道均为近圆形轨道,轨道倾角为 55°,运行周期约为 11 h 58 min。卫星的良好分布使得在全球任何地方、任何时间都可以观测到 4 颗以上卫星,这些卫星与用户保持良好的相对位置关系,从而确保高精度的定位解算,并提供在时间上连续的全球导航能力。GPS 自 1978 年开始发射 Block Ⅰ 型试验卫星,共发射了 11 颗(其中 1 颗出现故障),1989 年起开始发射正式的工作卫星,1994 年完成全面建设,1995 年正式投入全球运行。

地面监控部分包括 1 个主控站、3 个注入站和 5 个监控站。监控站内设有双频 GPS 接收机、高精度原子钟、气象参数测试仪和计算机等设备,主要任务是完成对 GPS 卫星信号的连续观测,并将搜集的数据和当地气象观测资料处理后传送到主控站。主控站除了协调、管理地面监控部分外,还负责将监控站的观测资料联合处理,推算卫星星历、卫星钟差和大气修正参数,并将这些数据编制成导航电文送到注入站;另外,它还可以调整偏离轨道的卫星,使其沿预定轨道运行,调度备用卫星,以替代失效的卫星开展工作。注入站的主要任务是将主控站编制的导航电文、计算出的卫星星历、卫星钟差和大气改正参数等，通过直径为 3.6 m 的天线注入相应的卫星。

用户设备部分主要由 GPS 接收机、硬件和数据处理软件、微处理机及终端设备组成。主要任务是：捕获、跟踪并锁定卫星信号；对接收的卫星信号进行处理，测量出 GPS 信号从卫星到接收机天线之间的传播时间；解译 GPS 卫星发射的导航电文，实时计算接收机天线的三维位置、速度。

1.4.2　GLONASS

GLONASS 最早研制于苏联时期，后由俄罗斯政府负责运行。该系统于 1993 年开始建立，2007 年开始运营，当时只开放了俄罗斯境内卫星定位和导航服务，2009 年服务范围已经拓展到全球。该系统主要服务内容包括确定陆地、海上及空中目标的坐标及运动速度信息等。

该系统由空间段、地面段和用户段三部分组成。空间段由 21 颗工作卫星和 3 颗备份卫星组成。24 颗导航卫星均匀地分布在 3 个近圆形轨道平面上，每个轨道有 8 颗卫星，轨道平面间相隔 120°，同平面卫星之间相隔 45°，轨道高度约为 23 600 km，运行周期为 11 h 15 min，轨道倾角为 64.8°。每颗卫星上备有 3 台铯原子钟，卫星发播 2 个频率载波，并调制用于测距的伪随机码和导航电文。

地面段由系统控制中心、监测站、上行注入站、激光跟踪站等部分组成。主要功能包括测量和预测各颗卫星的星历，将预测的星历、时钟校正参数和历书信息上行加载给卫星，以便后期编入导航电文，使卫星钟与 GLONASS 时同步，计算 GLONASS 时与协调世界时之间的偏差，对卫星进行指挥、控制、维护和跟踪。

用户段由接收机和处理导航信号的处理器组成。主要功能是接收、处理卫星信号，为用户提供坐标、速度和时间等数据。1989 年以前，苏联没有对外公布 GLONASS 接收机参数，所以生产厂家极少。第一代接收机的特点是接收通道少(1～4 个)、体积大、重量大。1990 年后，公布了接口文档，出现了众多生产厂家。第二代接收机的特点是接收通道多(6～12 个)、体积和重量减小，目前较多的是与 GPS 等其他系统兼容的接收机。

1.4.3　Galileo 系统

Galileo 系统是由欧盟研制和建立的卫星导航系统。Galileo 系统计划于 1999 年由欧洲委员会公布、由欧洲委员会和欧洲空间局共同负责。该系统计划于 2007 年底前完成，2008 年投入使用，2013 年全面运行，总共发射 30 颗卫星，但因各成员国存在分歧，计划几经推迟，于 2016 年 12 月开始提供初始服务。截至 2024 年 5 月，该系统拥有 26 颗卫星，包含 21 颗工作卫星、1 颗备份卫星和 4 颗实验卫星。

该系统包括卫星星座、地面控制部分、区域设施部分、局域设施部分以及用户接收机终端。卫星星座由 3 个轨道上的 30 颗中圆地球轨道卫星构成，每个轨道平面上有 10 颗卫星，其中 9 颗正常工作，1 颗运行备用，轨道高度为 23 616 km，轨道倾角为 56°，轨道升交点在赤道上相隔 120°，卫星运行周期为 14 h 4 min。某颗工作卫星失效后，备份卫星将迅速进入工作位置替代其工作，失效卫星将被转移到高于正常轨道 300 km 的轨道上。这样的星座可为全球用户提供足够大的覆盖范围。

地面控制部分由 2 个控制中心、上行链路站、监测站网络及全球通信网络组成。2 个控制中心分别位于法国和意大利，主要功能为控制卫星星座、保证卫星原子钟的同步、处理完好性信号、监控卫星及其提供的服务，以及处理内部及外部数据。监测站主要用于接收卫星导航信息，以及气象信息和所要求的环境信息，并且检测卫星导航信号的质量。这些监测站接收到的信息将通过全球通信网络中继传输至 2 个控制中心。

区域设施部分由完好性监测站网络、控制中心和注入站组成。区域内用户可使用系统提供的区域完好性数据，每个用户确保能接收到至少 2 颗仰角在 25°以上卫星提供的完好性信号。局域设施部分将根据当地的需要增强系统的性能，执行完好性检测，并处理和发射数据。将数据传输至用户接收机，既可以通过特别的链路，也可以不通过系统，而采用如全球移动通信系统（global system for mobile communications，GSM）或通用移动通信业务（universal mobile telecommunications service，UMTS）标准的移动通信网络、海事导航系统等已存在的通信网络。

用户接收机终端能够直接接收 Galileo 系统的空间信号，其配备了与区域和局域设施部分相连接的接口，能与其他卫星导航系统（如 GPS）及通信系统（如 UMTS）实现互操作。

第二章　卫星导航应用基础

卫星导航系统的基本作用是向各类用户和运动平台实时提供准确、连续的位置、速度和时间信息。卫星导航接收机通常与其他设备或平台结合起来，进行数据交换，才能充分发挥其作用，因此可以将接收机看作一种导航信息采集器件。为了更好地应用卫星导航技术，本章针对北斗卫星导航应用的基础知识进行介绍，主要包括北斗卫星导航电文内容及格式、常用数据格式、接收机数据接口标准、卫星导航可视化及导航路径规划等内容。

2.1　导航电文

卫星导航系统国际标准包括三大类：①卫星导航系统空间信号接口控制文件(interface control document，ICD)管理机构制定并发布；②卫星导航接收机数据格式标准行业协会制定和发布；③国际民航、国际海事、3GPP 等行业应用标准国际组织制定。接口控制文件规定了卫星导航信号的载波频率、测距码、导航电文格式和内容、星历和历书等参数。北斗接口控制文件由中国卫星导航系统管理办公室发布，于 2012 年发布了测试版接口控制文件，然后分别于 2013、2014、2016、2019 年发布了 1.0、2.0、2.1、3.0 版本，2.0 版本相对于旧版接口控制文件增加了 B2I 信号的内容，2.1 版相对于 2.0 版改动不大，主要是增加了一些对参数详细的说明，3.0 版本是对 2.1 版的升级，主要定义了北斗卫星导航系统空间星座和用户终端之间公开服务信号 B1I 的相关内容。其中，B1I 信号在北斗二号卫星导航系统和北斗三号卫星导航系统的中圆地球轨道(MEO)卫星、倾斜地球同步轨道(IGSO)卫星和地球静止轨道(GEO)卫星上播发，提供公开服务。本书以 2019 年 2 月发布的公开服务信号 B1I(3.0 版)为依据，介绍北斗卫星导航电文的组成、结构和功能。

2.1.1　导航电文的划分

北斗卫星的导航电文是用户用来定位和导航的数据基础。根据速率和结构，导航电文分为 D1 导航电文和 D2 导航电文。D1 导航电文速率为 50 bit/s，并调制有速率为 1 kbit/s 的二次编码，内容包含基本导航信息(本卫星基本导航信息、全部卫星历书信息、与其他系统时间同步信息)；D2 导航电文速率为 500 bit/s，内容包含基本导航信息和增强服务信息(北斗卫星导航系统的完好性及差分信息和格网点电离层信息)。中圆地球轨道卫星和倾斜地球同步轨道卫星播发的 B1I 信号采用 D1 导航电文，地球静止轨道卫星播发的 B1I 信号采用 D2 导航电文。

2.1.2　导航电文信息类别及播发特点

导航电文中基本导航信息和增强服务信息的类别及播发特点见表 2.1，其中电文的结构、内容及算法说明见后文。

表 2.1 D1、D2 导航电文信息的类别及播发特点

<table>
<tr><th colspan="2">电文信息类别</th><th>比特数</th><th>播发特点</th><th>说明</th></tr>
<tr><td rowspan="13">本卫星基本导航信息</td><td>帧同步码(Pre)</td><td>11</td><td rowspan="3">每子帧重复一次。</td><td rowspan="17">基本导航信息所有卫星都播发</td></tr>
<tr><td>子帧计数(FraID)</td><td>3</td></tr>
<tr><td>周内秒计数(SOW)</td><td>20</td></tr>
<tr><td>整周计数(WN)</td><td>13</td><td rowspan="9">D1:在子帧 1、2、3 中播发,30 s 重复周期。
D2:在子帧 1 页面 1～10 的前 5 个字中播发,30 s 重复周期。
更新周期:1 h。</td></tr>
<tr><td>用户距离精度指数(URAI)</td><td>4</td></tr>
<tr><td>卫星自主健康标识(SatH1)</td><td>1</td></tr>
<tr><td>星上设备时延差 (T_{GD1}、T_{GD2})</td><td>20</td></tr>
<tr><td>时钟数据龄期(AODC)</td><td>5</td></tr>
<tr><td>钟差参数 (t_{oc}, a_0, a_1, a_2)</td><td>74</td></tr>
<tr><td>星历数据龄期(AODE)</td><td>5</td></tr>
<tr><td>星历参数 ($t_{oe}, \sqrt{A}, e, \omega, \Delta n, M_0, \Omega_0, \dot{\Omega}, i_0$, IDOT, $C_{uc}, C_{us}, C_{rc}, C_{rs}, C_{ic}, C_{is}$)</td><td>371</td></tr>
<tr><td>电离层延迟改正模型参数 ($\alpha_n, \beta_n, n = 0 \sim 3$)</td><td>64</td></tr>
<tr><td>页面编号(Pnum)</td><td>7</td><td>D1:在第 4 和第 5 子帧中播发。
D2:在第 5 子帧中播发。</td></tr>
<tr><td rowspan="4">全部卫星历书信息</td><td>历书信息扩展标识(AmEpID)</td><td>2</td><td>D1:在子帧 4 页面 1～24、子帧 5 页面 1～6 中播发。
D2:在子帧 5 页面 37～60、95～100 中播发。</td></tr>
<tr><td>历书参数 ($t_{oa}, \sqrt{A}, e, \omega, M_0, \Omega_0, \dot{\Omega}, \delta_i, a_0, a_1$, AmID)</td><td>178</td><td>D1:在子帧 4 页面 1～24、子帧 5 页面 1～6 中播发 1～30 号卫星;在子帧 5 页面 11～23 中分时播发 31～63 号卫星,需结合 AmEpID 和 AmID 识别。
D2:在子帧 5 页面 37～60、95～100 中播发 1～30 号卫星;在子帧 5 页面 103～115 中分时播发 31～63 号卫星,需结合 AmEpID 和 AmID 识别。
更新周期:小于 7 天。</td></tr>
<tr><td>历书周计数(WNa)</td><td>8</td><td>D1:在子帧 5 页面 7～8 中播发,12 min 重复周期。
D2:在子帧 5 页面 35～36 中播发,6 min 重复周期。
更新周期:小于 7 天。</td></tr>
<tr><td>卫星健康信息(Hea_i, $i=1\sim43$)</td><td>9×43</td><td>D1:在子帧 5 页面 7～8 中播发 1～30 号卫星健康信息;在子帧 5 页面 24 中分时播发 31～63 号卫星健康信息,需结合 AmEpID 和 AmID 识别。
D2:在子帧 5 页面 35～36 中播发 1～30 号卫星健康信息;在子帧 5 页面 116 中分时播发 31～63 号卫星健康信息,需结合 AmEpID 和 AmID 识别。
更新周期:小于 7 天。</td></tr>
</table>

续表

<table>
<tr><th colspan="2">电文信息类别</th><th>比特数</th><th>播发特点</th><th>说明</th></tr>
<tr><td rowspan="4">与其他系统时间同步信息</td><td>与 UTC 时间同步参数(A_{0UTC},A_{1UTC},Δt_{LS},Δt_{LSF},WN_{LSF},DN)</td><td>88</td><td rowspan="4">D1:在子帧 5 页面 9～10 中播发,12 min 重复周期。
D2:在子帧 5 页面 101～102 中播发,6 min 重复周期。
更新周期:小于 7 天。</td><td rowspan="4"></td></tr>
<tr><td>与 GPS 时间同步参数(A_{0GPS},A_{1GPS})</td><td>30</td></tr>
<tr><td>与 Galileo 时间同步参数(A_{0Gal},A_{1Gal})</td><td>30</td></tr>
<tr><td>与 GLONASS 时间同步参数(A_{0GLO},A_{1GLO})</td><td>30</td></tr>
<tr><td colspan="2">基本导航信息页面编号(Pnum1)</td><td>4</td><td>D2:在子帧 1 全部 10 个页面中播发。</td><td rowspan="10">完好性及差分信息、格网点电离层信息只由 GEO 卫星播发</td></tr>
<tr><td colspan="2">完好性及差分信息页面编号(Pnum2)</td><td>4</td><td>D2:在子帧 2 全部 6 个页面中播发。</td></tr>
<tr><td colspan="2">完好性及差分信息健康信息(SatH2)</td><td>2</td><td>D2:在子帧 2 全部 6 个页面中播发。
更新周期:3 s。</td></tr>
<tr><td colspan="2">完好性及差分信息卫星标识($BDID_i$,$i=1\sim63$)</td><td>1×63</td><td>D2:在子帧 2 全部 6 个页面播发 1～30 号卫星;在子帧 4 全部 6 个页面播发 31～63 号卫星。
更新周期:3 s。</td></tr>
<tr><td colspan="2">北斗系统完好性及差分信息扩展标识(BDEpID)</td><td>2</td><td>D2:在子帧 4 全部 6 个页面中播发。</td></tr>
<tr><td colspan="2">区域用户距离精度指数 (RURAI)</td><td>4×24</td><td>D2:在子帧 2、子帧 3 和子帧 4 全部 6 个页面播发。
更新周期:18 s。</td></tr>
<tr><td rowspan="2">完好性及差分信息</td><td>用户差分距离误差指数(UDREI)</td><td>4×24</td><td>D2:在子帧 2、子帧 4 全部 6 个页面播发。
更新周期:3 s。</td></tr>
<tr><td>等效钟差改正数(Δt)</td><td>13×24</td><td>D2:在子帧 2、子帧 3 和子帧 4 全部 6 个页面播发。
更新周期:18 s。</td></tr>
<tr><td rowspan="2">电离层格网点信息(Ion)</td><td>电离层格网点垂直延迟($d\tau$)</td><td>9×320</td><td rowspan="2">D2:在子帧 5 页面 1～13,61～73 中播发。
更新周期:6 min。</td></tr>
<tr><td>电离层格网点垂直延迟误差指数(GIVEI)</td><td>4×320</td></tr>
</table>

2.1.3　D1 导航电文

1. D1 导航电文上调制的二次编码

D1 导航电文上调制的二次编码是指在速率为 50 bit/s 的 D1 导航电文上调制一个诺伊曼-霍夫曼码(简称“NH 码”)。该 NH 码周期为 1 个导航信息位的宽度,NH 码 1 bit 宽度则与扩频码周期相同。D1 导航电文中一个信息位宽度为 20 ms,扩频码周期为 1 ms,因此采用 20 bit 的 NH 码(0,0,0,0,0,1,0,0,1,1,0,1,0,1,0,0,1,1,1,0),码速率为 1 kbit/s,码宽为 1 ms,以模 2 加形式与导航信息码和扩频码同步调制。

2. D1 导航电文帧结构

D1 导航电文由超帧、主帧和子帧组成。每个超帧为 36 000 bit,历时 12 min,每个超帧由 24 个主帧组成(24 个页面);每个主帧为 1 500 bit,历时 30 s,每个主帧由 5 个子帧组成;每个子帧为 300 bit,历时 6 s,每个子帧由 10 个字组成;每个字为 30 bit,历时 0.6 s。

每个字由导航电文数据及校验码两部分组成。每个子帧第 1 个字的前 15 bit 信息不进行纠错编码,后 11 bit 信息采用 BCH(15,11,1)方式进行纠错,信息位共有 26 bit;其他 9 个字均采用

BCH(15,11,1)加交织方式进行纠错编码,信息位共有 22 bit。D1 导航电文帧结构如图 2.1 所示。

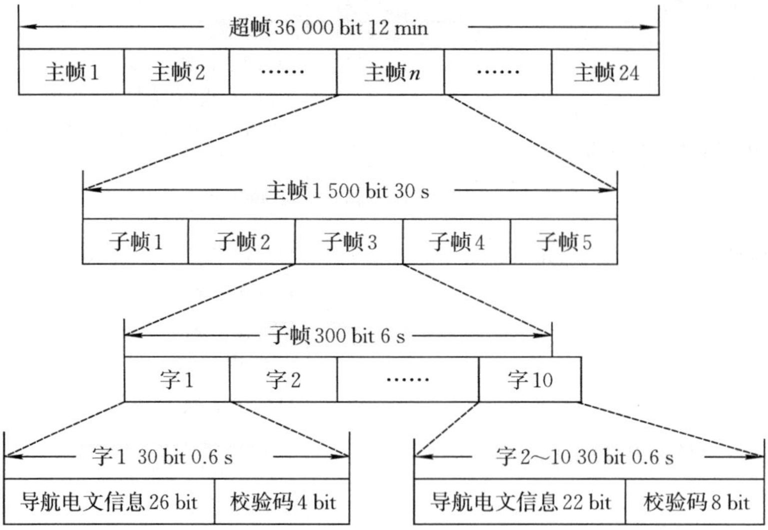

图 2.1 D1 导航电文帧结构

D1 导航电文包含基本导航信息,包括:本卫星基本导航信息(包括帧同步码、子帧计数、周内秒计数、整周计数、用户距离精度指数、卫星自主健康标识、电离层延迟改正模型参数、星历参数、星历数据龄期、钟差参数、时钟数据龄期、星上设备时延差、页面编号)、全部卫星历书信息及与其他系统时间同步信息。整个 D1 导航电文传送完毕需要 12 min。D1 导航电文主帧结构及信息内容如图 2.2 所示。子帧 1 至子帧 3 播发基本导航信息;子帧 4 和子帧 5 的信息内容由 24 个页面分时发送,其中子帧 4 和子帧 5 分为 24 个页面,播发全部卫星历书信息及与其他系统时间同步信息。

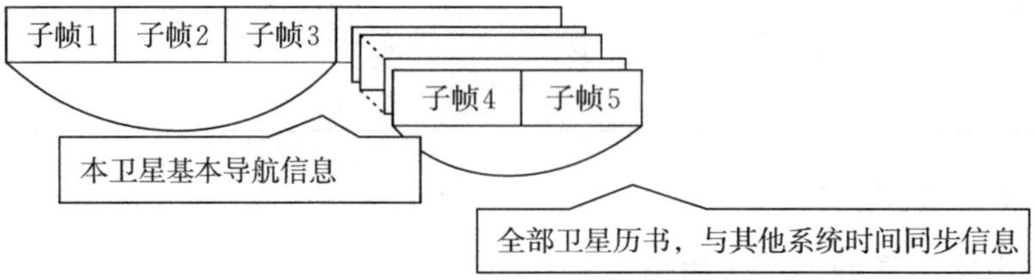

图 2.2 D1 导航电文主帧结构及信息内容

3. D1 导航电文内容与算法

1)帧同步码

每一子帧的第 1~11 bit 为帧同步码(Pre),由 11 bit 修改巴克码组成,其值为"11100010010",第 1 bit 上升沿为秒前沿,用于时标同步。

2)子帧计数

每一子帧的第 16~18 bit 为子帧计数(FraID),共 3 bit,具体定义如表 2.2 所示。

表 2.2 子帧计数编码定义

编码	001	010	011	100	101	110	111
子帧序列号	1	2	3	4	5	保留	保留

3)周内秒计数

每一子帧的第 19～26 bit 和第 31～42 bit 为周内秒计数(SOW),共 20 bit,每周日北斗时 0 时 0 分 0 秒从零开始计数。周内秒计数所对应的秒时刻是指本子帧同步码的第一个脉冲上升沿所对应的时刻。

4)整周计数

整周计数(WN)共 13 bit,为北斗时的整周计数,其值范围为 0～8 191,以北斗时 2006 年 1 月 1 日 0 时 0 分 0 秒为起点,从零开始计数。

5)用户距离精度指数

用户距离精度(URA)用来描述卫星空间信号精度,单位为米,以用户距离精度指数(URAI)表征,URAI 为 4 bit,范围为 0～15,与 URA 范围对应关系见表 2.3。

表 2.3　URAI 值与 URA 范围对应关系

编码	URAI 值	URA 范围(m,1σ)
0000	0	0.00<URA≤2.40
0001	1	2.40<URA≤3.40
0010	2	3.40<URA≤4.85
0011	3	4.85<URA≤6.85
0100	4	6.85<URA≤9.65
0101	5	9.65<URA≤13.65
0110	6	13.65<URA≤24.00
0111	7	24.00<URA≤48.00
1000	8	48.00<URA≤96.00
1001	9	96.00<URA≤192.00
1010	10	192.00<URA≤384.00
1011	11	384.00<URA≤768.00
1100	12	768.00<URA≤1 536.00
1101	13	1 536.00<URA≤3 072.00
1110	14	3 072.00<URA≤6 144.00
1111	15	URA>6 144.00

用户收到任意一个 URAI(用 N 表示),可根据公式计算出相应的 URA(用 X 表示),其计算式如下:

(1)当 $0 \leqslant N < 6$ 时,$X = 2^{N/2+1}$;

(2)当 $6 \leqslant N < 15$ 时,$X = 2^{N-2}$;

(3)当 $N = 15$ 时,表示卫星轨道机动或者没有精度预报。

例如,当 $N = 1$、3、5 时,X 经四舍五入后分别为 2.8、5.7、11.3。

6)卫星自主健康标识

卫星自主健康标识(SatH1)共 1 bit,其中“0”表示卫星可用,“1”表示卫星不可用。

7)电离层延迟改正模型参数

电离层延迟改正模型包括 8 个参数 (α_n,β_n,$n = 0 \sim 3$),共 64 bit,8 个参数都是二进制补码,见表 2.4。

表 2.4 电离层延迟改正模型参数

参数	比特数	比例因子(LSB)	单位
α_0	8①	2^{-30}	s
α_1	8①	2^{-27}	s/π
α_2	8①	2^{-24}	s/π^2
α_3	8①	2^{-24}	s/π^3
β_0	8①	2^{11}	s
β_1	8①	2^{14}	s/π
β_2	8①	2^{16}	s/π^2
β_3	8①	2^{16}	s/π^3

①为二进制补码，最高有效位(MSB)是符号位(+或−)。

用户利用 8 个参数和克洛布查尔(Klobuchar)模型可计算 B1I 信号的电离层垂直延迟改正 $I'_z(t)$，单位为秒。

8)星上设备时延差

星上设备时延差(T_{GD1}，T_{GD2})各 10 bit，为二进制补码，最高位为符号位，“0”表示为正，“1”表示为负，比例因子为 0.1，单位为纳秒。

9)时钟数据龄期

时钟数据龄期(AODC)共 5 bit，是钟差参数的外推时间间隔，为本时段钟差参数参考时刻与计算钟差参数所作测量的最后观测时刻之差，在北斗时整点更新，具体定义见表 2.5。

表 2.5 时钟数据龄期值定义

AODC 值	定义
<25	单位为小时，其值为卫星钟差参数数据龄期的小时数
25	表示卫星钟差参数数据龄期为 2 天
26	表示卫星钟差参数数据龄期为 3 天
27	表示卫星钟差参数数据龄期为 4 天
28	表示卫星钟差参数数据龄期为 5 天
29	表示卫星钟差参数数据龄期为 6 天
30	表示卫星钟差参数数据龄期为 7 天
31	表示卫星钟差参数数据龄期大于 7 天

10)钟差参数

钟差参数包括 t_{oc}，a_0，a_1 和 a_2，共占用 74 bit。t_{oc} 是本时段钟差参数参考时间，单位为秒，有效范围是 0～604 792；其他 3 个参数为二进制补码。钟差参数说明见表 2.6。

表 2.6 钟差参数说明

参数	比特数	比例因子(LSB)	有效范围	单位
t_{oc}	17	2^3	604 792	s
a_0	24①	2^{-33}		s
a_1	22①	2^{-50}		s/s
a_2	11①	2^{-66}		s/s^2

①为二进制补码，最高有效位(MSB)是符号位(+或−)。

用户可通过钟差参数计算出信号发射时刻的北斗时。

11) 星历数据龄期

星历数据龄期(AODE)共 5 bit,是星历参数的外推时间间隔,为本时段星历参数参考时刻与计算星历参数所作测量的最后观测时刻之差,在北斗时整点更新,具体定义见表 2.7。

表 2.7　星历数据龄期值定义

AODE 值	定义
<25	单位为小时,其值为星历数据龄期的小时数
25	表示星历数据龄期为 2 天
26	表示星历数据龄期为 3 天
27	表示星历数据龄期为 4 天
28	表示星历数据龄期为 5 天
29	表示星历数据龄期为 6 天
30	表示星历数据龄期为 7 天
31	表示星历数据龄期大于 7 天

12) 星历参数

星历参数 (t_{oe}, $\sqrt{A}$, e, ω, Δn, M_0, Ω_0, $\dot{\Omega}$, i_0, IDOT, C_{uc}, C_{us}, C_{rc}, C_{rs}, C_{ic}, C_{is}) 描述了在一定拟合间隔下得出的卫星轨道。它包括 15 个轨道参数、1 个星历参考时间。星历参数更新周期为 1 h,且在北斗时整点更新。星历参数定义见表 2.8。

表 2.8　星历参数定义

参数	定义
t_{oe}	星历参考时间
$\sqrt{A}$	长半轴的平方根
e	偏心率
ω	近地点幅角
Δn	卫星平均运动速率与计算值之差
M_0	参考时间的平近点角
Ω_0	按参考时间计算的升交点经度
$\dot{\Omega}$	升交点经度变化率
i_0	参考时间的轨道倾角
IDOT	轨道倾角变化率
C_{uc}	纬度幅角的余弦调和改正项的振幅
C_{us}	纬度幅角的正弦调和改正项的振幅
C_{rc}	轨道半径的余弦调和改正项的振幅
C_{rs}	轨道半径的正弦调和改正项的振幅
C_{ic}	轨道倾角的余弦调和改正项的振幅
C_{is}	轨道倾角的正弦调和改正项的振幅

星历参数说明见表 2.9。

表 2.9　星历参数说明

参数	比特数	比例因子(LSB)	有效范围	单位
t_{oe}	17	2^3	604 792	s
$\sqrt{A}$	32	2^{-19}	8 192	$m^{1/2}$

续表

参数	比特数	比例因子(LSB)	有效范围	单位
e	32	2^{-33}	0.5	—
ω	32①	2^{-31}	1	π
Δn	16①	2^{-43}	3.73×10^{-9}	π/s
M_0	32①	2^{-31}	1	π
Ω_0	32①	2^{-31}	1	π
$\dot{\Omega}$	24①	2^{-43}	9.54×10^{-7}	π/s
i_0	32①	2^{-31}	1	π
IDOT	14①	2^{-43}	9.31×10^{-10}	π/s
C_{uc}	18①	2^{-31}	6.10×10^{-5}	rad
C_{us}	18①	2^{-31}	6.10×10^{-5}	rad
C_{rc}	18①	2^{-6}	2 048	m
C_{rs}	18①	2^{-6}	2 048	m
C_{ic}	18①	2^{-31}	6.10×10^{-5}	rad
C_{is}	18①	2^{-31}	6.10×10^{-5}	rad

①为二进制补码，最高有效位(MSB)是符号位(＋或－)。

接收机根据接收到的星历参数可以计算卫星在2000国家大地坐标系中的坐标。

13)页面编号

子帧4和子帧5的第44～50 bit为页面编号(Pnum)，用于标识子帧的页面编号，共7 bit。子帧4和子帧5的信息都分24个页面分时播发，其中子帧4的第1～24页面编排卫星号为1～24的历书信息，子帧5的第1～6页面编排卫星号为25～30的历书信息，页面编号与卫星编号一一对应。

14)历书信息扩展标识

历书信息扩展标识(AmEpID)为2 bit，用于标识子帧5的页面11～24是否扩展播发31～63号卫星历书和卫星健康信息。当AmEpID为11时，表示子帧5的页面11～23可扩展播发31～63号卫星历书，子帧5的页面24可扩展播发31～63号卫星健康信息；当AmEpID不为11时，表示子帧5的页面11～24为预留页面，不进行扩展播发。

15)历书参数

历书参数(t_{oa}, $\sqrt{A}$, e, ω, M_0, Ω_0, $\dot{\Omega}$, δ_i, a_0, a_1, AmID)更新周期小于7天。历书参数定义、说明见表2.10和表2.11。

表2.10 历书参数定义

参数	定义
t_{oa}	历书参考时间
$\sqrt{A}$	长半轴的平方根
e	偏心率
ω	近地点幅角
M_0	参考时间的平近点角
Ω_0	按参考时间计算的升交点经度
$\dot{\Omega}$	升交点经度变化率
δ_i	参考时间的轨道倾角改正量

续表

参数	定义
a_0	卫星钟差
a_1	卫星钟速
AmID	分时播发识别标识

表 2.11 历书参数说明

参数	比特数	比例因子	有效范围	单位
t_{oa}	8	2^{12}	602 112	s
$\sqrt{A}$	24	2^{-11}	8 192	$m^{1/2}$
e	17	2^{-21}	0.062 5	
ω	24①	2^{-23}	1	π
M_0	24①	2^{-23}	1	π
Ω_0	24①	2^{-23}	1	π
$\dot{\Omega}$	17①	2^{-38}		π/s
δ_i	16①	2^{-19}		π
a_0	11①	2^{-20}		s
a_1	11①	2^{-38}		s/s

①为二进制补码，最高有效位(MSB)是符号位(＋或－)。

16)历书周计数

历书周计数(WNa)为北斗时整周计数(WN)模 256，为 8 bit，取值范围为 0～255。

17)卫星健康信息

卫星健康信息(Hea_i，$i=1\sim30$)为 9 bit，第 9 位为卫星钟健康信息，第 8 位为 B1I 信号健康状况，第 7 位为 B2I 信号健康状况，第 2 位为信息健康状况，其定义见表 2.12。

表 2.12 卫星健康信息定义

信息位	信息编码	健康状况标识
第 9 位 (MSB)	0	卫星钟可用
	1	卫星钟不可用①
第 8 位	0	B1I 信号正常
	1	B1I 信号不正常②
第 7 位	0	B2I 信号正常
	1	B1I 信号不正常②
第 6～3 位	0	保留
	1	保留
第 2 位	0	导航信息可用
	1	导航信息不可用(龄期超限)
第 1 位 (LSB)	0	保留
	1	保留

①后 8 位均为“0”表示卫星钟不可用，后 8 位均为“1”表示卫星故障或永久关闭，后 8 位为其他值时保留。

②信号不正常指信号功率比额定值低 10 dB 及以上。

18)与 UTC 时间同步参数

与 UTC 时间同步参数(A_{0UTC}，A_{1UTC}，Δt_{LS}，WN_{LSF}，DN，Δt_{LSF})反映了北斗时(BDT)与协调世界时(UTC)之间的关系。其中，A_{0UTC} 为 BDT 相对于 UTC 的钟差，A_{1UTC} 为 BDT 相对

于 UTC 的钟速，Δt_{LS} 为新的闰秒生效前 BDT 相对于 UTC 的累积闰秒改正数，WN_{LSF} 为新的闰秒生效的周计数，DN 为新的闰秒生效的周内日计数，Δt_{LSF} 为新的闰秒生效后 BDT 相对于 UTC 的累积闰秒改正数。各参数的说明见表 2.13。

表 2.13　与 UTC 时间同步参数说明

参数	比特数	比例因子	有效范围	单位
A_{0UTC}	32①	2^{-30}	—	s
A_{1UTC}	24①	2^{-50}	—	s/s
Δt_{LS}	8①	1	—	s
WN_{LSF}	8	1	—	星期
DN	8	1	6	d
Δt_{LSF}	8①	1	—	s

①为二进制补码，最高有效位(MSB)是符号位(+或−)。

19)与 GPS 时间同步参数

与 GPS 时间同步参数 (A_{0GPS}，A_{1GPS}) 说明见表 2.14，电文中相应的内容暂未播发。其中，A_{0GPS} 为 BDT 相对于 GPS 时间的钟差，A_{1GPS} 为 BDT 相对于 GPS 时间的钟速。

表 2.14　与 GPS 时间同步参数说明

参数	比特数	比例因子	单位
A_{0GPS}	14①	0.1	ns
A_{1GPS}	16①	0.1	ns/s

①为二进制补码，最高有效位(MSB)是符号位(+或−)。

20)与 Galileo 时间同步参数

与 Galileo 时间同步参数 (A_{0Gal}，A_{1Gal}) 说明见表 2.15，电文中相应的内容暂未播发。其中，A_{0Gal} 为 BDT 相对于 Galileo 时间的钟差，A_{1Gal} 为 BDT 相对于 Galileo 时间的钟速。

表 2.15　与 Galileo 时间同步参数说明

参数	比特数	比例因子	单位
A_{0Gal}	14①	0.1	ns
A_{1Gal}	16①	0.1	ns/s

①为二进制补码，最高有效位(MSB)是符号位(+或−)。

21)与 GLONASS 时间同步参数

与 GLONASS 时间同步参数 (A_{0GLO}，A_{1GLO}) 说明见表 2.16。电文相应的内容暂未播发。其中，A_{0GLO} 为 BDT 相对于 GLONASS 时间的钟差；A_{1GLO} 为 BDT 相对于 GLONASS 时间的钟速。

表 2.16　与 GLONASS 时间同步参数说明

参数	比特数	比例因子	单位
A_{0GLO}	14①	0.1	ns
A_{1GLO}	16①	0.1	ns/s

①为二进制补码，最高有效位(MSB)是符号位(+或−)。

2.1.4　D2 导航电文

1. D2 导航电文帧结构

D2 导航电文由超帧、主帧和子帧组成。每个超帧为 180 000 bit，历时 6 min，每个超帧由 120 个主帧组成；每个主帧为 1 500 bit，历时 3 s，每个主帧由 5 个子帧组成；每个子帧为 300 bit，历时 0.6 s，每个子帧由 10 个字组成；每个字为 30 bit，历时 0.06 s。

每个字由导航电文数据及校验码两部分组成。每个子帧第 1 个字的前 15 bit 信息不进行纠错编码，后 11 bit 信息采用 BCH(15,11,1)方式进行纠错，信息位共有 26 bit；其他 9 个字均采用 BCH(15,11,1)加交织方式进行纠错编码，信息位共有 22 bit。详细帧结构如图 2.3 所示。

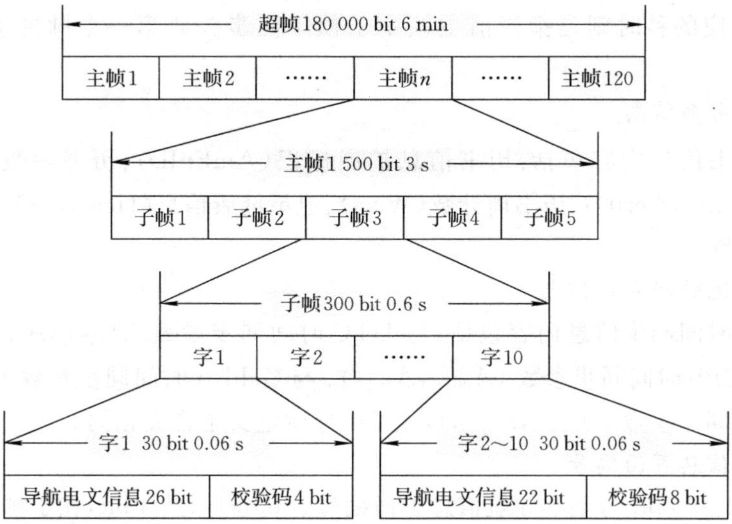

图 2.3　D2 导航电文帧结构

D2 导航电文包括：本卫星基本导航信息、全部卫星历书信息、与其他系统时间同步信息、完好性及差分信息和格网点电离层信息。主帧结构及信息内容如图 2.4 所示。子帧 1 播发本卫星基本导航信息，由 10 个页面分时发送，子帧 2～4 信息由 6 个页面分时发送，子帧 5 中信息由 120 个页面分时发送。

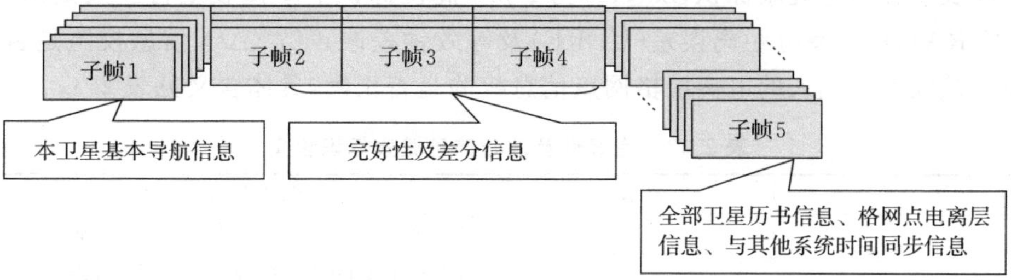

图 2.4　D2 导航电文主帧结构及信息内容

2. D2 导航电文内容和算法

1）本卫星基本导航信息

本卫星基本导航信息内容包括：帧同步码(Pre)、子帧计数(FraID)、周内秒计数(SOW)、整周计数(WN)、用户距离精度指数(URAI)、卫星自主健康标识(SatH1)、电离层延迟改正模

型参数 ($\alpha_n, \beta_n, n=0\sim3$)、星上设备时延差 ($T_{GD1}$、$T_{GD2}$)、时钟数据龄期(AODC)、钟差参数 ($t_{oc}, a_0, a_1, a_2$)、星历数据龄期(AODE)、星历参数 ($t_{oe}, \sqrt{A}, e, \omega, \Delta n, M_0, \Omega_0, \dot{\Omega}, i_0$, IDOT, $C_{uc}, C_{us}, C_{rc}, C_{rs}, C_{ic}, C_{is}$)、页面编号(Pnum)。

除了页面编号(Pnum)、周内秒计数(SOW)与 D1 导航电文中有区别外,其他基本导航信息与 D1 导航电文中含义相同。在此只给出 D2 导航电文中页面编号、周内秒计数的含义。

(1)页面编号(Pnum)。D2 导航电文中,子帧 5 信息分 120 个页面播发,由页面编号(Pnum)标识。

(2)周内秒计数(SOW)。D2 导航电文中,每一子帧的第 19～26 位和第 31～42 位为周内秒计数(SOW),共 20 bit,每周日北斗时 0 点 0 分 0 秒从零开始计数。对于 D2 导航电文,周内秒计数所对应的秒时刻是指当前主帧中子帧 1 同步头的第一个脉冲上升沿所对应的时刻。

2)全部卫星历书信息

全部卫星历书信息内容包括:历书信息扩展标识(AmEpID)、历书参数 ($t_{oa}, \sqrt{A}, e, \omega, M_0, \Omega_0, \dot{\Omega}, \delta_i, a_0, a_1$, AmID)、历书周计数(WNa)、卫星健康信息($\text{Hea}_i, i=1\sim30$),与 D1 导航电文中含义相同。

3)与其他系统时间同步信息

与其他系统时间同步信息内容包括:与 UTC 时间同步参数 ($A_{0UTC}, A_{1UTC}, \Delta t_{LS}, WN_{LSF}$, DN, Δt_{LSF})、与 GPS 时间同步参数 (A_{0GPS}, A_{1GPS})、与 Galileo 时间同步参数 (A_{0Gal}, A_{1Gal})、与 GLONASS 时间同步参数 (A_{0GLO}, A_{1GLO}),与 D1 导航电文中含义相同。

4)基本导航信息页面编号

子帧 1 第 43～46 bit 为基本导航信息页面编号(Pnum1),共 4 bit,在子帧 1 的 1～10 页面中播发,用于标识本卫星基本导航信息的页面编号。

5)完好性及差分信息页面编号

子帧 2 第 44～47 bit 为完好性及差分信息页面编号(Pnum2),共 4 bit,在子帧 2 的 1～6 页面中播发,用于标识完好性及差分信息的页面编号。

6)完好性及差分信息健康标识

完好性及差分信息健康标识(SatH2)为 2 bit,高位标识卫星接收上行注入的区域用户距离精度(RURA)、用户差分距离误差(UDRE)及等效钟差改正数 (Δt) 信息校验是否正确,低位标识卫星接收上行注入的电离层格网点信息校验是否正确,具体含义见表 2.17。

表 2.17 完好性及差分信息健康标识含义

信息位	信息编码	SatH2 含义
高位(MSB)	0	RURA、UDRE 及 Δt 信息校验正确
	1	RURA、UDRE 及 Δt 信息校验错误
低位(LSB)	0	电离层格网点信息校验正确
	1	电离层格网点信息校验错误

7)完好性及差分信息卫星标识

完好性及差分信息卫星标识($\text{BDID}_i, i=1\sim63$)为 30 bit,用来标识系统是否播发该卫星的完好性及差分信息。每个比特位标识一颗卫星,当取值为“1”时,表示播发该卫星的完好性及差分信息；当取值为“0”时，表示没有播发该卫星的完好性及差分信息。完好性及差分信息的播发顺序为按完好性及差分信息卫星标识所对应的卫星编号从小到大排列。

8)完好性及差分信息扩展标识(BDEpID)

完好性及差分信息扩展标识(BDEpID)为 2 bit，用于标识 D2 导航电文子帧 4 全部 6 个页面是否扩展播发完好性及差分信息。当 BDEpID 为 11 时，表示子帧 4 全部 6 个页面可扩展播发完好性及差分信息卫星标识($BDID_i$，$i=31\sim63$)、区域用户距离精度指数(RURAI)、等效钟差改正数(Δt)、用户差分距离误差指数(UDREI)；当 BDEpID 不为 11 时，表示子帧 4 全部 6 个页面未播发完好性及差分信息，相关信息位为保留位。

9)区域用户距离精度指数

区域用户距离精度(RURA)用来描述卫星伪距误差，单位是 m，以区域用户距离精度指数(RURAI)表征。每颗卫星占 4 bit，范围从 0～15，更新周期为 18 s。RURAI 与卫星的 RURA 对应关系如表 2.18 所示。

表 2.18　RURAI 与 RURA 对应关系表

RURAI 编码	RURA(99.9%)	RURAI 编码	RURA(99.9%)
0	0.75	8	5.25
1	1.0	9	6.0
2	1.25	10	7.5
3	1.75	11	15.0
4	2.25	12	50.0
5	3.0	13	150.0
6	3.75	14	300.0
7	4.5	15	>300.0

10)完好性及差分信息

(1)等效钟差改正数(Δt)。

北斗系统差分信息以等效钟差改正数(Δt)表示，每颗卫星占 13 bit，比例因子为 0.1，单位为米，用二进制补码表示，最高位为符号位，更新周期为 18 s。等效钟差改正数(Δt)是对卫星钟差和星历的残余误差的进一步修正，用户将 Δt 加到对该卫星的观测伪距上，以改正上述残余误差对伪距测量的影响。B1I 信号和 B2I 信号播发的等效钟差改正数 Δt 与载波频率分别对应，即每个信号所播发的卫星信号等效钟差改正数 Δt 只代表各自载波频率的等效钟差改正数，数值不完全相同。当值为－4 096 时，表示不可用。

(2)用户差分距离误差指数(UDREI)。

北斗系统差分完好性即用户差分距离误差(UDRE)，用来描述等效钟差改正误差，单位是 m，以用户差分距离误差指数(UDREI)表征，每颗卫星占 4 bit，范围为 1～15，更新周期为 3 s。

每一个 UDREI 对应一颗卫星，B1I 信号上播发的 UDREI 代表 B1I 信号的差分完好性，UDREI 与 UDRE 对应关系见表 2.19。

11)电离层格网点信息

每个电离层格网点信息(Ion)包括电离层格网点垂直延迟($d\tau$)和电离层格网点垂直延迟误差指数(GIVEI)，共占用 13 bit。信息定义见表 2.20。

表 2.19 UDREI 与 UDRE 对应关系表

UDREI 编码	UDRE(99.9%)	UDREI 编码	UDRE(99.9%)
0	1.0	8	10.0
1	1.5	9	15.0
2	2.0	10	20.0
3	3.0	11	50.0
4	4.0	12	100.0
5	5.0	13	150.0
6	6.0	14	未被监测
7	8.0	15	不可用

表 2.20 Ion 信息定义表

参数	$d\tau$	GIVEI
比特数	9	4

电离层格网覆盖范围为东经 70°～145°，北纬 7.5°～55°，按经纬度 5°×2.5°进行划分，形成 320 个格网点。

2.2 接收机通用数据接口

NMEA 0183 是美国国家海洋电子协会(National Marine Electronics Association，NMEA)为海用电子设备制定的标准格式，是目前 GNSS 接收机上使用最广泛的协议，大多数常见的 GNSS 接收机、卫星数据处理软件、导航软件都遵守或者至少兼容这个协议。为适应我国北斗卫星导航发展对标准的需要，全国北斗卫星导航标准化技术委员会组织制定了“北斗专项标准”，包括《北斗/全球卫星导航系统(GNSS)接收机导航定位数据输出格式》(BD 410004—2015)，该文件规定了数据传输方式、数据格式及数据内容，与 NMEA 0183 格式兼容。

2.2.1 数据传输

数据以串行异步方式传送，第一位为起始位，其后是数据位。数据遵循最低有效位优先的规则。所用参数如下：

(1)波特率，4 800～115 200，可根据需要设定，默认值为 115 200；

(2)数据位，8 bit(d7=0)；

(3)停止位，1 bit；

(4)校验位，无。

2.2.2 数据格式协议

1. 字符

1)预留字符

预留字符集由定义为预留字符的 ASCII 字符组成，见表 2.21。这些字符用于语句和字段定界，不能用在数据段中。

2)有效字符

有效字符集包括所有可印刷的 ASCII 字符(HEX20 至 HEX7F)，但定义为预留字符的除外。

3)非定义字符

没有定义为“预留字符”和“有效字符”的 ASCII 字符，任何时候都不应该发送。

4)字符符号

当用个别字符定义测量单位、说明数据字段类型和语句类型等内容时，应依据语句中的注释解释这些字符。

表 2.21　预留字符

字符	十六进制	十进制	含义
<CR>	0D	13	回车—语句定界符结束
<LF>	0A	10	换行
$	24	36	参数语句定界符开始
*	2A	42	校验和字段定界符
,	2C	44	字段定界符
\	5C	92	预留
^	5E	94	用十六进制表示的编码定界符
~	7E	126	预留
<del>	7F	127	预留

2. 字段

字段由位于两个适当的定界字符之间的一串有效字符或空字段(没有字符)组成。

1)地址段

地址段是一条语句中的第一个字段，跟在定界符“$”或“!”之后，用于定义该语句。定界符“$”用于识别符合常规参数和定界字段组成规则的语句，“!”用于识别符合专用压缩和非定界字段组成规则的语句。地址段中的字符仅限于数字和大写字母。地址段不应是空字段。带有地址字段和询问地址段这两种地址段的语句才能被传送。

(1)地址字段。

地址字段由五个数字或大写字母组成。前两个字符为发送器标识符助记码，见表 2.22。

表 2.22　发送器标识符助记码

标识符	定位模式
BD	北斗卫星导航系统(BDS)单系统定位模式
GP	全球定位系统(GPS)单系统定位模式
GN	全球导航卫星系统(GNSS)多系统组合定位模式
GL	格洛纳斯卫星导航系统单系统定位模式
GA	伽利略卫星导航系统单系统定位模式

发送器标识符用于定义所传输数据的特性，对于能传输多个来源数据的装置应当传送适当的标识符。

地址字段的后三个标识符为通用语句标识符，用于定义传输数据的格式和类型，见表 2.23。

(2)询问地址段。

询问地址段由五个字符组成，用于在分离的总线上向认定的发送器请求传送的语句。前两个字符是询问装置的发送器标识符，中间两个字符是被询问装置的发送器标识符，最后一个字符是询问字符“Q”。

表 2.23 通用语句标识符

语句标识符	语句内容
AAM	航路点到达报警
ALM	GPS 历书数据
BDA	BDS 历书数据
BEC	相对于航路点的航位推算方位与距离(航位推算)
BOD	出发点到目的地的方位
BWC	相对于下一个航路点的方位与距离(大圆距离)
BWR	相对于下一个航路点的方位与距离(等角航线)
BWW	航路点到航路点的方位
DHV	速度信息
DTM	参考坐标系
GAA	Galileo 历书数据
GBS	GNSS 卫星故障检测
GFA	GNSS 定位精度与完好性
GGA	GPS/GLONASS/Galileo/BDS 定位数据
GLL	地理位置信息
GMP	GNSS 地图投影定位数据
GNS	GNSS 定位数据
GRS	GNSS 距离残差
GSA	精度衰减因子和有效卫星号
GST	输出伪距误差统计数据
GSV	可视的卫星状态
MLA	GLONASS 历书数据
MSK	接收机接口
MSS	接收机信号
RMB	推荐最少导航信息
RMC	推荐最简导航传输数据
RTE	航路
TLL	跟踪目标的经纬度
TXT	文本信息传送
VTG	对地航向和对地速度
WCV	指向航路点的速度
WNC	航路点到航路点的距离
WPL	航路点位置
XTE	交叉航迹误差(测量值)
ZDA	时间与日期
ZFO	UTC 时间及离开起始航路点的经历时间
ZTG	UTC 时间及到达目标航路点的待航时间

2) 数据字段

语句中的数据字段跟在定界符“,”和一定的有效字符(编码定界符“^”)之后。专有语句中的数据字段只包含有效字符和定界符“,”与“^”。

由于存在变长数据字段和空字段,只有通过观察字段定界符“,”才能确定特殊数据字段在一条语句中的位置,因而对于接收器来说,要通过定界符的计数来确定字段位置,而不应该从语句的开始对接收到的总个数来计数。

对于固定长度的数字字段，如果有效数据位长度不够，则应在前面补上足够数量的 ASCII 码字符“0”，以满足长度要求。

3. 语句

1)语句说明

一条语句最多包含 82 个字符，由起始定界符“$”或“!”、终止符<CR><LF>及它们之间的字符(最多为 79 个)组成。

语句以起始定界符“$”或“!”开始，以终止符<CR><LF>结束。在一条语句中，字段数最少为 1 个。第一个字段应该是地址字段，其中包含发送设备标识符和语句格式符，该格式符规定语句中数据字段的个数、所含数据的类型，以及数据段的传送顺序。语句的其余部分可包含 0 个或多个数据字段。

一条语句包含的字段数受语句最大长度(82 个字符)的限制。在语句中可以出现空字段，如果某字段的数据不可靠或不可得，就应用空字段表示。

2)有效语句

通用语句(包括参数语句和封装语句)、询问语句、命令语句和专用语句是有效语句。其他任何形式的语句都不是有效语句，不能在接口上进行传输。

3)通用语句

通用语句是为一般用途而设计的。按照出现的顺序，一条通用语句包含下列要素：

——“$”或“!”(即 HEX 24 或 HEX 21)：语句开始；

——<地址字段>：发送设备标识符和语句格式符；

——[“,”<数据字段>]

　　……

　　[“,”<数据字段>]：0 个或多个数据字段；

——“*”<校验和字段>：校验和字段；

——<CR><LF>(即 HEX 0D 0A)：语句结束。

(1)参数语句。

参数语句以定界符“$”(HEX 24)开始，带有定界符和特定的数据字段，语句的使用规则为：

——以定界符“$”开始；

——只能使用通用语句的标识符，不能使用特殊用途的封装语句中的格式符；

——只能使用有效字符；

——只能使用有效字段类型；

——数据字段(参数)分别定界；

——不允许有未定界的封装数据字段。

参数语句结构为：$aaccc,c--c*hh<CR><LF>。

(2)封装语句。

封装语句以定界符“!”(HEX 21)开始，用于未知内容或更高速率的信息传递。封装语句结构的基本规则为：

——语句以定界符“!”开始；

——只能使用通用语句的标识符，不能使用常规参数语句的格式符；

——只能使用有效字符；

——只能使用有效字段类型；

——只能使用6位二进制编码产生封装数据字段；

——语句必须包含以定界符“,”分隔的一个封装数据字段和任意数量参数数据字段，这些字段应位于语句的第二到最后一个数据字段（不计校验和字段）；

——语句应包含语句总数字段；

——语句应包含语句号数字段；

——语句应包含顺序信息标识符字段；

——紧跟在封装语句字段之后的应为补位字段，补位字段应为语句的最后一个数据字段（不计校验和字段）。

封装语句只在必要时才可使用，比如需要传输的数据参数未知，或需要的信息速率比115 200的波特率更高等情况。通过封装大量数据，开销字符（如字段定界符“,”）数量将减少，从而得到更高的数据传输效率。

封装语句结构为：!aaccc,x1 ,x2 , x3 ,c--c, x4 * hh<CR><LF>。

4）询问语句

接收设备被询问时，应使用询问语句。询问语句使用语句定界符“$”。按出现的顺序，询问语句包含下列要素：

——“$”（即HEX 24）：语句开始；

——<aa>：请求者的发送设备标识符；

——<aa>：被请求发出数据的发送设备标识符；

——“Q”：标识询问地址的字符；

——“,”：数据字段定界符；

——<ccc>：被请求数据的通用语句标识符；

——“*”<校验和字段>：校验和字段；

——<CR><LF>（即HEX 0D 0A）：语句结束。

询问语句结构为：$aaaaQ,ccc,*hh<CR><LF>。

示例：$CCGPQ,GGA,*hh<CR><LF>

该语句中，设备“CC”（计算机）向设备“GP”（GPS单元）发起询问，被询问的语句为GGA，hh表示校验和。

发送设备用相应的通用语句对询问语句作应答。对询问语句的应答不是强制性的，除非在语句定义或其他适用的设备标准中有规定，否则询问和应答之间没有指定的时延要求。

5）命令语句

命令语句用来改变设备的配置和操作，也可以作为询问语句的应答来报告设备当前的状态信息。命令语句的结构应为满足语句说明要求的任意多字段语句。为了避免在理解命令语句的内容时产生误解，在命令语句中应该包含一个“语句状态标志”字段。

6）多语句信息

当一条数据的信息超出单条语句的可用字符容量限制时，可使用多语句信息进行数据传输。多语句信息中的所有语句应使用相同的语句格式符。多语句信息应始终包含支持多语句信息能力的关键字段。这些必要的字段是:语句总数、语句号数以及顺序信息标识符字段。只有语句包含了这些字段才可以形成信息。

接收设备必须检验并确定多语句是相邻连续的。当一条多语句信息被其他语句打断,使原信息不完整时,接收设备应放弃整条信息,等待重新传输。如果多语句信息中任一条语句出现错误,则接收设备应放弃整条信息,等待接收下一次传输的信息。

7)语句传送定时

语句的发送频度(两条语句的发送时间间隔)应符合通用语句的定义。除非另有规定,否则该速率应与基本的测量或计算周期一致。语句应以最小字符间距传送,宜接近连续脉冲,完整传送一条语句的时间不应大于 1 s。

4. 错误检测和处理

接收设备应只使用与本标准相符的正确语句,并且能够检测数据传输中的差错,包括:

——校验和错误;

——无效字符;

——不正确的字段长度,如发送设备标识符、语句格式符和数据字段;

——语句传输超时(语句传送时间大于 1 s)。

5. 通用语句的增补

为了进行语句的扩展,可在最后字段的后面,校验和定界符"*"与校验和字段之前,增加新数据字段来修改现有的语句。接收设备应该通过识别<CR><LF>和"*"确定语句的结束,而不是通过对字段定界符的计数来确定。无论接收设备是否能够识别所有字段,均应该依据在"$"或"!"与"*"之间所接收到的全部中间字符(不包括"$"或"!")计算校验和的值。

2.2.3　常用语句格式

1. AAM

本语句为航路点到达报警,包括是否进入到达圈、是否通过航线的垂线,以及与目标航路点的距离等。AAM 语句格式说明见表 2.24。格式为:$--AAM,A,A,x.x,N,c--c*hh<CR><LF>。

表 2.24　AAM 语句格式说明

编号	含义	取值范围	单位	备注
1	状态	A/V		A—进入到达圈, V—未进入到达圈
2	状态	A/V		A—通过航路点的垂线, V—未通过航路点的垂线
3	到达圈半径			距离目标航路点距离
4	半径单位			
5	航路点标识符			长度不大于 20 字节

2. ALM

本语句为双向语句,用于描述 GPS 卫星的历书数据,见表 2.25。用户设备收到本语句后,以本语句内容设置初始化卫星历书信息;用户设备输出本语句时,用于描述用户设备接收的卫星历书信息。本语句包含了历书周计数、卫星健康信息和一颗卫星的完整历书信息,每颗卫星传送一条。格式为：$--ALM，x. x，x. x，xx，x. x，hh，hhhh，hh，hhhh，hhhh，hhhhhh，hhhhhh，hhhhhh，hhhhhh，hhh，hhh * hh<CR><LF>。

表 2.25　ALM 语句格式说明

编号	含义	取值范围	单位	备注
1	语句总数			
2	语句序号			
3	GPS 卫星的 PRN 号	01～32		
4	周计数	0～9999		
5	卫星健康状态			
6	偏心率 e			
7	历书参考时间 t_{oa}		s	
8	轨道倾角改正量 δ_i		π	
9	升交点经度变化率 Ω		π/s	
10	长半轴的平方根 $\sqrt{A}$		$m^{1/2}$	
11	近地点幅角 ω		π	
12	升交点经度 Ω_0		π	
13	平近点角 M_0		π	
14	卫星钟差 a_0		s	
15	卫星钟速 a_1		s/s	

3．BDA

本语句包含了一颗北斗卫星的完整历书数据。所有数据的传送根据北斗卫星导航系统接口控制文件进行。可以传送多条语句，每条语句对应卫星星座中的一颗卫星。BDA 语句格式说明见表 2.26。格式为：$--BDA，x. x，x. x，xx，x. x，hhh，hhhhh，hh，hhhh，hhhhh，hhhhhh，hhhhhh，hhhhhh，hhhhhh，hhhhhh，hhh，hhh * hh<CR><LF>。

表 2.26　BDA 语句格式说明

编号	含义	取值范围	单位	备注
1	语句总数			
2	语句序号			
3	BDS 卫星 ID 号			
4	历书周计数			
5	卫星健康状态			
6	偏心率 e			
7	星历参考时间 t_{oa}		s	
8	轨道倾角改正量 δ_i		π	
9	升交点经度变化率 Ω		π/s	
10	长半轴的平方根 $\sqrt{A}$		$m^{1/2}$	
11	近地点幅角 ω		π	
12	升交点经度 Ω_0		π	
13	平近点角 M_0		π	
14	卫星钟差 a_0		s	
15	卫星钟速 a_1		s/s	

4. DHV

本语句用于描述速度类导航信息，见表 2.27。格式为：$--DHV，hhmmss. ss，x. x，x. x，x. x，x. x，x. x，x. x，x. x，x. x，x. x，U＊hh<CR><LF>。

表 2.27　DHV 语句格式说明

编号	含义	取值范围	单位	备注
1	定位时间(UTC 时间)		时分秒	
2	速度			
3	*X* 轴速度			
4	*Y* 轴速度			
5	*Z* 轴速度			
6	地速			
7	最大速度			
8	平均速度			
9	全程平均速度			
10	有效速度			
11	速度单位		km/h 或 m/s	推荐使用

5. GBS

本语句为输出语句，用于描述 GNSS 卫星故障检测。本语句用于支持接收机自主完好性检测(RAIM)。如果只将北斗、GPS、GLONASS、Galileo 等卫星用于位置解算，则传送标识符为 BD、GP、GL、GA 等，误差只与这个系统有关；如果使用了多个系统的卫星进行位置解算，传送标识符用 GN，误差与组合解算有关，见表 2.28。格式为：$--GBS，hhmmss. ss，x. x，x. x，x. x，xx，x. x，x. x，x. x＊hh<CR><LF>。

表 2.28　GBS 语句格式说明

编号	含义	取值范围	单位	备注
1	定位时间(UTC 时间)			定位时间为与这条语句有关的 GGA 定位的 UTC 时间
2	纬度值的预计误差		m	因偏差引起的预计误差，噪声为零
3	经度值的预计误差		m	
4	高度值的预计误差		m	
5	最可能的故障卫星 PRN 号			当使用多个卫星系统时，为避免卫星标识符重复引起误解，采取以下规定：北斗卫星由其 PRN 号标识，范围是 1～40；41～78 供 GPS 卫星使用，GPS 原 PRN 标识号＋40 得到卫星标识符编号
6	对最可能的故障卫星漏检的概率			
7	对最可能的故障卫星估计的偏差		m	
8	偏执估算的标准偏差			

6. GGA

本语句为输出语句，用于描述定位数据。本语句包含与接收机定位、测时相关的数据。如果只将北斗、GPS、GLONASS、Galileo 等卫星用于位置解算，传送标识符为 BD、GP、GL、GA 等；如果使用了多个系统的卫星进行位置解算，传送标识符为 GN，见表 2.29。格式为：$--GGA，hhmmss. ss，llll. ll，a，yyyyy. yy，a，x，xx，x. x，x. x，U，x. x，U，x. x，xxxx＊hh<CR><LF>。

表 2.29 GGA 语句格式说明

编号	含义	取值范围	单位	备注
1	定位时间(UTC 时间)			若定位时间(UTC)、纬度、经度和大地高字段的小数部分位数过多，使 GGA 语句字符总数超过最大字符数 82，则可发送多条具有相同时间标签的 GGA 语句。每条语句字符总数不超过 82，仅携带部分信息，即仅有部分字段有数据，其余字段为空字段。将多条语句组合得到完整信息
2	纬度		(° ′)	
3	纬度方向	N/S		N—北纬，S—南纬
4	经度		(° ′)	
5	经度方向	E/W		E—东经，W—西经
6	状态指示①	0～8		
7	可视的卫星数			
8	HDOP			
9	天线大地高			
10	天线大地高单位		m	
11	高程异常			
12	高程异常单位		m	
13	差分数据			
14	差分站台 ID 号			

①状态指示(该数据字段不能为空)表示如下：

——当该语句标识符为 GP 时，状态指示：0 表示定位模式不可用或无效；1 表示 GPS SPS 模式，定位有效；2 表示差分 GPS SPS 模式，定位有效；3 表示 GPS PPS 模式，定位有效；4 表示实时动态(RTK)，系统处于 RTK 模式中，有固定的整周数；5 表示浮动的 RTK，系统处于 RTK 模式中，整周数是浮动的；6 表示估算模式(航位推算)；7 表示手动输入模式；8 表示模拟器模式。

——当该语句标识符为 BD 时，状态指示：0 表示定位不可用或无效；1 表示无差分定位，定位有效；2 表示差分定位，定位有效；3 表示双频定位，定位有效。

——当该语句标识符为 GN 时，状态指示：0 表示定位不可用或无效；1 表示兼容定位，定位有效。

——无定位结果时，定位信息字段为空。

7. GLL

本语句为输出语句，用于描述大地坐标定位信息，载体的纬度、经度、定位时间与状态。如果只将北斗、GPS、GLONASS、Galileo 等卫星用于位置解算，传送标识符为 BD、GP、GL、GA 等；如果使用了多个系统的卫星进行位置解算，传送标识符用 GN，见表 2.30。格式为：$--GLL，llll. ll，a，yyyyy. yy，a，hhmmss. ss，A，a＊hh<CR><LF>。

表 2.30 GLL 语句格式说明

编号	含义	取值范围	单位	备注
1	纬度		(° ′)	
2	纬度方向	N/S		N—北纬，S—南纬

续表

编号	含义	取值范围	单位	备注
3	经度		(° ′)	
4	经度方向	E/W		E—东经,W—西经
5	UTC 时间		时分秒	
6	数据状态	A/V		A—数据有效,V—数据无效
7	模式指示			定位系统模式指示:A—自主模式,D—差分模式,E—估算(航位推算)模式,M—手动输入模式,S—模拟器模式,N—数据无效

8. GSA

本语句为输入语句。本语句包含用户设备工作模式、GGA 语句报告的导航解算中用到的卫星以及精度衰减因子(DOP)值。当只用北斗、GPS、GLONASS、Galileo 等卫星解算位置时,分别用标识符 BD 表示传送北斗卫星精度衰减因子和有效卫星号,用 GP 表示传送 GPS 卫星精度衰减因子和有效卫星号,用 GL 表示传送 GLONASS 卫星精度衰减因子和有效卫星号,用 GA 表示传送 Galileo 卫星精度衰减因子和有效卫星号等。当综合运用 BD、GPS、GLONASS、Galileo 等进行位置解算时,会产生多条 GSA 语句,每一条 GSA 语句应用 GN 作为标识符,以表示综合解算中用到的卫星,且每条都有用于位置解算的组合卫星系统的 PDOP、HDOP、VDOP 和 TDOP,见表 2.31。格式为:$--GSA,a,x,xx,……,xx,x.x,x.x,x.x,h*hh<CR><LF>。

表 2.31 GSA 语句格式说明

编号	含义	取值范围	单位	备注
1	模式指示	M/A		M—手动,强制用于 2D 或 3D 模式;A—自动,允许 2D/3D 自动变换
2	选用模式	1～3		1—定位不可用或无效,2—2D,3—3D
3	第 1 颗卫星 PRN 号	定长数字		
⋮	⋮	⋮	⋮	⋮
14	第 12 颗卫星 PRN 号	定长数字		
15	PDOP			
16	HDOP			
17	VDOP			
18	GNSS 表示符			

9. GST

本语句为输出语句,用于描述伪距误差统计数据。本语句用于支持用户设备自主完好性监测(RAM),为了给出位置解算质量的统计度量,可以将伪距测量误差统计值转换为位置误差统计值。如果只有北斗、GPS、GLONASS 或 Galileo 卫星用于位置解算,则用标识符 BD、GP、GL、GA 等,而且误差数据与个别系统有关;如果用多个系统的卫星来进行位置解算,则标识符是 GN,而且误差与组合系统的解算相关联,见表 2.32。格式为:$--GST,hhmmss.ss,x.x,x.x,x.x,x.x,x.x,x.x,x.x*hh<CR><LF>。

表 2.32 GST 语句格式说明

编号	含义	取值范围	单位	备注
1	UTC 时间			与本语句有关的GGA定位的UTC时间
2	距离标准偏差的均方根			导航处理输入值时的距离标准偏差的均方根值，输入的距离包括伪距和DGNSS修正值
3	误差椭圆的长半轴标准偏差		m	
4	误差椭圆的短半轴标准偏差		m	
5	误差椭圆的长半轴方向		(°)	与真北夹角
6	纬度误差的标准偏差		m	
7	经度误差的标准偏差		m	
8	高度误差的标准偏差		m	

10. GSV

本语句为输出语句。本语句包含可视的卫星数、卫星标识号、卫星仰角、卫星方位角及信噪比(SNR)值。每次最多传送4颗卫星，传送的语句总数和传送的语句序号在前两个字段中显示。如果可以看到多颗北斗、GPS、GLONASS、Galileo等卫星，则分别使用GSV语句，用标识符BD标识看到的北斗卫星，用标识符GP标识看到的GPS卫星，用标识符GL标识看到的GLONASS卫星，用标识符GA标识看到的Galileo卫星等。GN标识符不应与本语句在一起使用，见表2.33。格式为：$--GSV,x,x,xx,xx,xx,xxx,xx,…… * hh<CR><LF>。

表 2.33 GSV 语句格式说明

编号	含义	取值范围	单位	备注
1	GSV 语句总数	1～9		
2	当前GSV语句序号	1～9		
3	可视的卫星数			
4	卫星标识号			
5	卫星仰角	0～90	(°)	
6	卫星方位角	0～359	(°)	
7	载噪比	0～99	dB·Hz	未跟踪时段为空字段
⋮	重复4～7字段			其他卫星信息

11. RMC

本语句为输出语句，用于推荐最简导航传输数据，见表2.34。格式为：$--RMC,hhmmss.ss,A,llll.ll,a,yyyyy.yy,a,x.x,x.x,ddmmyy,x.x,a,a,a * hh<CR><LF>。

表 2.34 RMC 语句格式说明

编号	含义	取值范围	单位	备注
1	UTC 时间		时分秒	
2	定位状态	A/V		A—有效定位，V—无效定位
3	纬度			
4	纬度方向	N/S		N—北纬，S—南纬
5	经度			
6	经度方向	E/W		E—东经，W—西经
7	对地速度		节(kn)	

续表

编号	含义	取值范围	单位	备注
8	地面航向		(°)	以真北为参考基准，沿顺时针方向至航向的角度
9	日期		日月年	
10	磁偏角		(°)	
11	磁偏角方向	E/W		E(东)或 W(西)
12	模式指示	A/D/E/N		A—自主定位，D—差分，E—估算，N—数据无效
13	导航状态指示	S/C/U/V		S—安全，C—警告，U—不安全，V—导航状态无效

12．TXT

本语句为输出语句。本语句用于短文本信息的传送，较长的文本信息可用多语句传送，见表 2.35。格式为：$--TXT,xx,xx,xx,c--c*hh＜CR＞＜LF＞。

表 2.35　TXT 语句格式说明

编号	含义	取值范围	单位	备注
1	语句总数	01～99		
2	语句序号	01～99		
3	文本标识符			文本标识符范围是 01～99，用于标识不同的文本信息
4	文本信息			ASCII 字符，需要时有编码定界符，可达到语句允许的最大长度

13．VTG

本语句为输出语句，用于描述航向和对地速度，见表 2.36。格式为：$--VTG,x.x,T,x.x,M,x.x,N,x.x,K,a*hh＜CR＞＜LF＞。

表 2.36　VTG 语句格式说明

编号	含义	取值范围	单位	备注
1	对地航向(参考真北)		(°)	
2	真北参考	T		
3	对地航向(参考磁北)		(°)	
4	磁北参考	M		
5	对地速度			
6	速度单位	N	节(kn)	
7	对地速度			
8	速度单位		km/h	
9	模式指示器	A/B/E/M/S/N		定位系统模式指示器字母含义：A—自主模式；B—差分模式；E—估算(航位推算)模式；M—手动输入模式；S—模拟器模式；N—数据无效

14．ZDA

本语句为双向语句，用于描述 UTC 时间、日期和本地时区。如果用户设备通过北斗卫星获得时间信息，则标识符使用BD；如果通过GPS获得时间信息，则标识符使用GP；如果同时利用北斗卫星和GPS卫星等获得时间信息，则标识符使用GN。对于定时型用户机，时间起点为$的第一比特的上升沿，见表2.37。格式为：$--ZDA，hhmmss.ss，xx，xx，xxxx，xx，xx*hh<CR><LF>。

表2.37 ZDA语句格式说明

编号	含义	取值范围	单位	备注
1	UTC时间			
2	日	01～31		
3	月	01～12		
4	年			
5	本地时区小时	−13～13		本地时区（小时加分钟，以及表示本地区的符号）加上本地时间，得到UTC时间。通常以负值表示东经，靠近国际日更线的地区除外
6	本时区分钟差	00～59		

示例：新西兰查塔姆岛1995年6月10日当地时间12:30（中午）表示为，$GPZDA，234500,09,06,1995,−12,45*6C<CR><LF>。

2.3 接收机差分数据格式

随着卫星导航技术的发展，GNSS服务性能不断改善，GNSS接收机的应用范围也越来越广。为了实现不同接收机差分数据格式的统一化，以方便差分数据的交换和处理，美国国际海运事业无线电技术委员会（Radio Technical Commission for Maritime Services，RTCM）第104专业委员会制定了差分全球导航系统服务标准，按照发展年代分为第2版本和第3版本两个阶段，每个阶段都由一系列电文结构、电文内容近似的标准组成（简称为“RTCM 10402.X系列”和“RTCM 10403.X系列”），已在卫星导航领域得到广泛使用。

自20世纪90年代推出RTCM 10402.X系列以来，RTCM格式已被广泛用于测绘、运输、规划等多个领域来传输差分数据。但在使用中发现，RTCM 10402.X系列在一些结构的设计上存在明显的缺陷，例如在校验位的设置上给带宽造成了很大的浪费，并且校验码之间不独立，给解码造成了一定困难。为了克服这些缺陷，国际海运事业无线电技术委员会于2006年后推出了RTCM 10403.0版本。同时为了满足日益增多的卫星导航系统以及多频的需求，2013年又推出了RTCM 10403.2版本，如表2.38所示。

RTCM 10403.2版本的制定和修正，不仅弥补了之前版本中的缺陷，还增加和扩展了多种网络实时动态测量信息，定义了包含GPS、GLONASS、Galileo和北斗卫星导航系统的多信号电文组（MSM），拓宽了RTCM格式的应用领域。尤其值得强调的是，多信号电文组可以为北斗卫星导航系统提供支持，这对该系统的高精度差分定位服务有着重要的意义。

为适应北斗卫星导航系统的发展需要，中国卫星导航系统管理办公室于2015年10月发布（2022年修订）《北斗/全球卫星导航系统（GNSS）接收机差分数据格式（一）》（BD 410002A）、《北斗/全球卫星导航系统（GNSS）接收机差分数据格式（二）》（BD 410003A）。

表 2.38　RTCM104 系列标准发展情况

版本	发布年份	主要内容
V1.0	1985	草稿，仅针对 GPS 差分使用
V2.0	1990	仅支持伪距差分
V2.1	1994	在 V2.0 基础上增加了载波相位差分
V2.2	1998	在 V2.1 基础上增加了对 GLONASS 差分
V2.3	2001	在 V2.2 基础上增加了 23 和 24 语句(天线参考类型)
V2.4	2013	为适应多系统低速率通信条件下的差分应用在 V2.3 基础上删除了不用或少用的部分 GPS/GLONASS 伪距差分和载波相位差分电文，增加了 3 条通用电文以支持多星座多频率的伪距差分和载波相位差分电文
V3.0	2006—2009	新协议，与 2.X 不再兼容，对网络 RTK 提供支持
V3.1	2010	强化了对状态空间差分的支持
V3.2	2013	提出了多信号电文组(MSM)，包含 Galileo 电文，增加了少量 BDS 电文定义

《北斗/全球卫星导航系统(GNSS)接收机差分数据格式(一)》是根据我国在沿海差分台站、陆地车辆导航等卫星导航应用的实际需求，针对伪距差分和载波相位差分应用，在 RTCM 10402.4 版本的基础上对部分语句或字段进行了扩充，以支持北斗卫星导航系统。该标准兼容 RTCM 10402.4 版本，可适用于陆地及水上差分应用中 GNSS 接收机设计、研制和使用。《北斗/全球卫星导航系统(GNSS)接收机差分数据格式(二)》是根据我国在高精度定位、海洋工程等卫星导航应用的实际需求，针对载波相位差分等应用，在 RTCM 10403.2 版本的基础上对部分语句或字段进行了扩充，以支持北斗卫星导航系统。该标准兼容 RTCM 10403.2 版本，可适用于陆地、水上等高精度差分应用中的 GNSS 接收机设计、研制和使用。

2.3.1　北斗/全球卫星导航系统(GNSS)接收机差分数据格式(一)

本格式规定了用于改正差分参考站和流动站(用户)各种误差的数据格式和内容。误差包括下内容：

(1)卫星星历预报误差。

(2)卫星钟预报误差。

(3)电离层延迟误差。

(4)参考站的对流层延迟误差。

(5)由 SA 技术人为引起的误差(仅对于 GPS)。

(6)差分对流层延迟误差。

(7)参考站钟差。

在流动站距离参考站较近的条件下，(1)、(2)、(3)、(4)、(5)、(6)项是流动站和参考站的公共误差；距离增长时，(1)、(3)、(4)、(5)、(6)项的公共部分将减少；(7)项影响流动站绝对时间的确定。

本格式还规定了历书和卫星健康数据的格式和内容。用于差分全球导航卫星系统(differential global navigation satellite system，DGNSS)的数据统称为差分数据。差分数据被编码为多种类型的电文，统称为差分电文，每种类型的电文具有唯一的标识符，标识符范围为 1～64。

本格式规定的差分电文编码和校验方法与 GPS 导航电文相近，差异在于：GPS 导航电文子帧长度固定，差分电文帧长度可变。SA 关闭的情况下，最小数据率主要由电离层变化率、数据链可靠性和捕获 DGNSS 服务的时间共同确定。在通信信道许可的条件下,可提高电文的数据率和重复率。

1. 通用电文格式

差分电文由若干帧电文组成,每帧电文包括 2 个电文字的标准电文头、N 个电文字的数据(N 的取值范围为 0～31),总长度为 $N+2$。每个电文字长度均为 30 bit,电文字的最后 6 bit 是校验区,校验算法与 GPS 导航电文的校验算法相同。每帧电文中最多可包含 31 个 30 bit 电文字的数据,全长共 33 个电文字。不同类型的电文 N 值不同,同类电文的 N 值也有可能不同。电文类型 6 或 34 等在没有数据时为补空电文,仅由 2 个 30 bit 电文字的电文头组成,其 N 值为 0。

2. 标准电文头

1)电文头格式

每帧电文的第一个和第二个字包含以下信息:前缀、电文类型等建立帧同步所需的信息,以及参考站、参考时间和健康状态等信息。电文头格式见图 2.5,说明见表 2.39。

图 2.5 电文头格式

表 2.39 每帧电文第一个和第二个字的内容

字	内容	比特数	比例因子及单位	范围及说明
第一个	前缀	8	—	—
	电文类型(帧 ID)	6	1	1～64①
	参考站 ID	10	1	0～1 023
	校验	6	—	—
第二个	改进 Z 计数	13	0.6 s	0 s～3 599.4 s
	顺序号	3	1	0～7
	数据字数 (N)	5	1 个字	0～31 个字
	参考站健康状态标志	3	—	8 种状态,见表 2.40
	校验	6	—	

①二进制 000000 表示 64。

2)前缀

每帧电文均以二进制“01100110”为前缀,后面紧跟 6 bit 电文类型(帧 ID)和 10 bit 参考站 ID。电文帧同步应由流动站按类似 GPS 导航电文帧同步的方法完成。

3)电文类型

电文类型(帧 ID)表示本帧电文的电文类型号,范围为 1～64。

4)参考站 ID

参考站 ID 是由参考站设置的数字 0～1 023,用于识别参考站。

5)改进 Z 计数

改进 Z(整数)计数的比例因子是 0.6 s,取值范围为 0～1 h,且以 GPS、GLONASS 或 BDS 时间为参考,而非协调世界时。对于非伪卫星电文,改进 Z 计数表示电文参数的参考时刻;对于伪卫星电文,改进 Z 计数不仅表示电文参数的参考时刻,也是下一帧电文(以前缀开始)的开始时刻。在无伪卫星传输时,改进 Z 计数仅作为电文参数参考时间。

6)顺序号

顺序号是一个递增的数字,范围为 0～7,每帧电文的顺序数递增,到达最大数字(7)后归零。

7)数据字数

数据字数即电文中包含的 30 bit 数据字数(即 N 值),电文帧长度比此数值 N 大 2。如果 $N=0$,说明电文头字后无内容。

8)参考站健康状态标志

参考站健康状态标志长度为 3 bit,定义见表 2.40。参考站健康状态标志"111"表示参考站未工作或工作不正常,"110"表示未进行参考站的广播监控,从"101"至"000"的 6 种状态代表用户差分距离误差(user differential range error,UDRE)比例因子,用于计算电文类型 1、2、9、31、34 中的 UDRE 值。在计算电文类型 1、2、9、31、34 的 UDRE 值时,应使用表 2.41 给出的数值上限,并乘以 UDRE 比例因子。

表 2.40　参考站健康状态标志①

代码(二进制)	说明
111	参考站未工作或工作不正常
110	未监控参考站的广播
101	UDRE 比例因子=0.10
100	UDRE 比例因子=0.20
011	UDRE 比例因子=0.30
010	UDRE 比例因子=0.50
001	UDRE 比例因子=0.75
000	UDRE 比例因子=1.00

①仅指参考站的 GPS 联合 GLONASS 或 BDS 部分,GPS/GLONASS、GPS/BDS 联合参考站的健康状态可能与本表不一致。

表 2.41　电文类型 1 的用户差分距离误差(UDRE)

代码(二进制)	十进制数值	UDRE 范围
00	0	≤1
01	1	(1,4]
10	2	(4,8]
11	3	>8

9)校验

差分电文每个 30 bit 电文字的最后 6 bit 是校验区,由参考站对差分数据编码后生成,流动站在解码时应根据校验算法对差分电文进行错误探测,并使用通过错误探测的差分电文。

3. 电文类型

差分电文可分为四种状态：固定、暂定、保留和未定义。最终定义的，且在今后不会改变的电文称为固定类电文（fixed）；具有试验性质，格式暂不固定的电文称为暂定类电文（tentative）；预留的，用于特定用途的电文称为保留类电文（reserve）；未定义用途、内容及格式的电文称为未定义类（undefined）。

最多可以有63种类型差分电文，说明见表2.42。

表2.42 差分电文类型说明

电文类型(帧ID)	说明	状态
1	差分GPS改正数	固定
2①	DELTA差分GPS改正数	固定
3	GNSS参考站参数	固定
4	参考站坐标基准	固定
5	GPS星座健康状态	固定
6	GNSS空帧	固定
7①	DGPS信标台信息	固定
8①	伪卫星参数	暂定
9	GPS部分改正数	固定
10①	P码差分改正数	保留
11①	L1与L2C/A码差值	保留
12①	伪卫星参考站参数	保留
13①	地面发射台参数	暂定
14	GPS周时	固定
15	电离层延迟参数	固定
16	GPS特殊信息	固定
17	GPS星历	固定
18	RTK未改正的载波相位观测值	固定
19	RTK未改正的伪距观测值	固定
20①	RTK载波相位改正数	固定
21①	RTK高精度伪距改正数	固定
22①	参考站附加信息	固定
23	参考站天线类型信息	固定
24	参考站天线参考点参数	固定
25～26	未定义	未定义
27	DGNSS信标台扩充信息	固定
28～30	未定义	未定义
31①	差分GLONASS改正数	暂定
32①	GLONASS参考站参数	暂定
33①	GLONASS星座健康状态	暂定
34①	GLONASS局部改正数或空帧	暂定
35①	GLONASS信标台信息	暂定
36	GLONASS特殊信息	固定
37	GNSS时间偏差	固定
38～40	未定义	未定义

续表

电文类型(帧 ID)	说明	状态
41	通用 GNSS 差分改正数	暂定
42	通用 GNSS 部分改正数	暂定
43	通用 GNSS 卫星信号健康状态	暂定
44	通用 GNSS 信息	保留
45	Galileo 完整性数据	保留
46	BDS 卫星星历	保留
47	BDS 特殊信息	保留
48～57	未定义	未定义
58	紧急报警信息	保留
59	专用电文	固定
60～63	多用途电文	保留

①表示这些电文在后续标准中即将停止使用或被其他电文取代，不建议再使用。

下面重点介绍与北斗卫星导航系统有关的电文类型 46(BDS 卫星星历)及电文类型 47(BDS 特殊信息)。

1)电文类型 46——BDS 卫星星历

电文类型 46 包含 BDS 卫星星历信息，具体内容见表 2.43。

表 2.43　电文类型 46 的内容

参数	30 bit 电文字位置	比特数	尺度因子和单位	范围和备注
周数	3	13	1 星期	0～8 191
IDOT	3/4	14	$2^{-43}\pi/s$	$-9.31\times10^{-10}\pi/s$～$9.31\times10^{-10}\pi/s$
ADOE	4	5		
t_{oc}	4/5	17	2^3 s	0 s～604 792 s
a_1	5	22	2^{-50} s/s	
a_2	5/6	11	2^{-66} s/s^2	
C_{rs}	6/7	18	2^{-6} m	−2 048 m～2 048 m
Δn	7	16	$2^{-43}\pi/s$	$-3.73\times10^{-9}\pi/s$ ～$3.73\times10^{-9}\pi/s$
FILL	7	4		“1010”
C_{uc}	8	18	2^{-31} rad	$\pm6.10\times10^{-5}$ rad
e	8/9/10	32	2^{-33}	0～0.5
C_{us}	10	18	2^{-31} rad	-6.10×10^{-5} rad ～6.10×10^{-5} rad
$\sqrt{A}$	10/11/12	32	2^{-19} m$^{1/2}$	0 m$^{1/2}$～8 192 m$^{1/2}$
t_{oe}	12	17	2^3 s	0 s～604 792 s
FILL	12	3		“101”
Ω_0	13/14	32	$2^{-31}\pi$	$-\pi$～π
C_{ic}	14/15	18	2^{-31} rad	-6.10×10^{-5}rad～6.10×10^{-5}rad
i_0	15/16	32	$2^{-31}\pi$	$-\pi$～π
C_{is}	16/17	18	2^{-31} rad	-6.10×10^{-5}rad～6.10×10^{-5}rad
ω	17/18	32	$2^{-31}\pi$	$\pm1\pi$
C_{rc}	18/19	18	2^{-6} m	−2 048 m～2 048 m
$\dot{\Omega}$	19/20	24	$2^{-43}\pi/s$	$-9.54\times10^{-5}\pi/s$～$9.54\times10^{-5}\pi/s$

续表

参数	30 bit 电文字位置	比特数	尺度因子和单位	范围和备注
M_0	20/21	32	$2^{-31}\pi$	$-\pi \sim \pi$
AODC	21	5		
a_0	21/22	24	2^{-33} s	
SATELLITE ID	22/23	6	1	1～37 表示 SV ID，38～63 表示保留
T_{GD1}	23	10	0.1 ns	
T_{GD2}	23	10	0.1 ns	
Reserved	23/24	4		
SV URAI	24	4		
卫星健康信息	24	9		
卫星自主健康标识(SatH1)	24	1	0～1	
总共		519		
填充		9		10 交替
校验位		126		

2)电文类型 47——BDS 特殊信息

电文类型 47 应使用可打印的 ASCII 码，长度可达到 90 个字符。发送方式为 MSB 在前，LSB 在后。如果最后电文字未用完，则应用 0 填充电文字剩余部分。采用 8 bit 的 ASCII 码，应将 MSB 置 0。电文格式如图 2.6 所示，图中显示广播"BEIDOU"字符的方法。

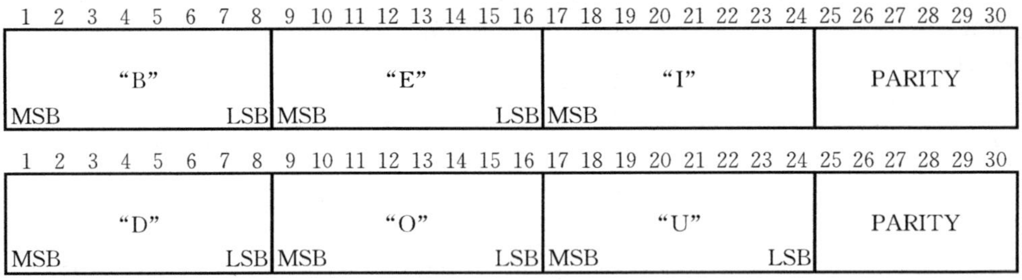

图 2.6 电文类型 47 的格式

2.3.2 北斗/全球卫星导航系统(GNSS)接收机差分数据格式(二)

差分数据格式采用分层式结构设计，划分为应用层、表示层、传输层、数据链路层和物理层五个层次[参考开放系统互连参考模型(Open System Interconnection，OSI)]：

(1)应用层，定义差分数据格式所支持的应用方式。

(2)表示层，定义了差分数据格式所采用的数据类型、数据字段、电文组、电文内容和格式等内容，是本标准的主体。

(3)传输层，定义了发送或接收端差分电文的帧结构。

(4)数据链路层，定义了差分电文数据流在物理层的编码方式。

(5)物理层，定义了差分电文数据在电子和机械层的传输方式。

1. 应用层

支持高带宽、广播式和点对多点的通信方式，支持下述的海陆空高精度应用：

(1)单频、双频及多频 RTK 应用,可获得优于亚米级的实时定位精度。

(2)单 GNSS 模式或多 GNSS 模式下的 RTK 应用,可获得优于亚米级的实时定位精度。

(3)单 GNSS 模式或多 GNSS 模式下的网络 RTK 应用,可获得优于亚米级的定位精度。

(4)单 GNSS 模式或多 GNSS 模式下的状态空间差分应用,可获得亚米级的实时定位精度。

2. 表示层

1)电文类型

每条差分电文都具有一个唯一标识号,称为电文类型号。本标准共允许定义 4 096 条电文。

2)天线相位中心偏差和天线相位中心变化的处理

精密 RTK 作业设计的天线会存在厘米级的天线相位中心偏差(phase center offset, PCO)和天线相位中心变化(phase center variation, PCV),国际 GNSS 服务局(IGS)、美国国家大地测量局(NGS)等机构可提供对 PCO 和 PCV 的校正信息。使用时应符合相应规定,如流动站设备可直接使用校正信息来消除天线 PCO 和 PCV 的影响;在参考站网络中宜使用天线单独校正法,对不同天线分别进行校正,即对主参考站的原始观测值进行 PCO 和 PCV 改正。

参考站和流动站最好使用同一组织公布的 PCO 和 PCV 数值,且不应将不同组织测定的 PCO 和 PCV 数值混用。当精密网络 RTK 作业中需要切换主参考站时,流动站会由于使用不一致的相位中心改正数(如来自不同改正源)而产生定位偏差。因此为了保证天线相位中心改正的一致性,参考站网络应存储主参考站天线相位中心改正数。

3)电文组

差分电文根据用途或内容可以划分为若干差分电文组(电文组)。服务提供者应根据服务内容,同时向用户发送若干电文组中的差分电文。例如,为提供 RTK 服务,需要向用户同时提供观测值、参考站坐标和天线说明电文组中至少一种电文。电文组中较短的电文包含必备信息,发送频率较高;较长的电文可包含提高服务性能的附加信息,由于附加信息不经常变更,发送频率可酌情降低。

4)RTK 服务种类

该标准支持的 RTK 服务为:GPS RTK 服务、GLONASS RTK 服务、BDS RTK 服务、GPS 与 GLONASS 联合的 RTK 服务、GPS 与北斗卫星导航系统联合的 RTK 服务、GLONASS 与北斗卫星导航系统联合的 RTK 服务。

5)北斗卫星导航系统星历电文

电文类型 1042 是北斗卫星导航系统星历电文数据,其内容与格式见表 2.44。该电文帮助接收机快速捕获卫星。例如,如果接收机可以通过无线服务快速使用星历电文,而不需要捕获该卫星且处理完成星历数据。应用差分电文时,参考站和接收机应保证使用相同的星历信息。条件允许时,本电文应每两分钟左右播发一次,直至卫星广播星历正确,或卫星移动到参考站覆盖范围之外。

表 2.44　电文类型 1042 内容与格式

字段名称	数据字段号	数据类型	比特数	说明
电文类型型号	DF002	uint12	12	1042
BDS 卫星 ID	DF488	uint6	6	
BDS 周数	DF489	uint13	13	

续表

字段名称	数据字段号	数据类型	比特数	说明
BDS URAI	DF490	bit4	4	
BDS IDOT	DF491	int14	14	
BDS AODE	DF492	uint5	5	
BDS t_{oc}	DF493	uint17	17	
BDS a_2	DF494	int11	11	
BDS a_1	DF495	int22	22	
BDS a_0	DF496	int24	24	
BDS AODC	DF497	uint5	5	
BDS C_{rs}	DF498	int18	18	
BDS Δn	DF499	int16	16	
BDS M_0	DF500	uint32	32	
BDS C_{uc}	DF501	int18	18	
BDS e	DF502	uint32	32	
BDS C_{us}	DF503	int18	18	
BDS $\sqrt{A}$	DF504	uint32	32	
BDS t_{oe}	DF505	int17	17	
BDS C_{ic}	DF506	int18	18	
BDS Ω_0	DF507	int32	32	
BDS C_{is}	DF508	int18	18	
BDS i_0	DF509	int32	32	
BDS C_{rc}	DF510	int18	18	
BDS ω	DF511	int32	32	
BDS OMEGADOT	DF512	int24	24	
BDS T_{GD1}	DF513	int10	10	
BDS T_{GD2}	DF514	int10	10	
BDS 卫星自主健康状态	DF515	bit1	1	
总计			511	

3. 传输层

差分电文的帧结构由前缀符、保留字段、数据区长度、数据区、校验区组成，见表 2.45。每帧电文产生时，应将所有保留域置 0。当差分电文长度未达到 8 bit 字节边界时，应用“0”填充至边界。

表 2.45 差分电文帧结构

名称	比特数	单位	范围	说明
前缀符	8			固定引导符 11010011
保留字段	6			保留字段，置 000000
数据区长度	10	byte	0～1023	
数据区				总长度由数据区长度确定
校验区	24	1		CRC24Q 检验

前缀符为固定的 8 bit 序列 11010011。

前缀符后的 6 位是保留字段，所有电文应将该字段置零。流动站接收机接收差分电文时应忽略此字段内容。

数据区长度表示差分电文数据区的总长度，以 byte(字节)为单位。长度为“0”时形成帧长度为 48 bit 的填充电文，在无有效数据时，可以发送填充电文，以保证数据链路中数据流的连续性。

数据区的总长度可变，最大长度为 1 023 byte。

每帧差分电文的最后 24 bit 是校验区，采用 CRC-24Q 校验算法。

以下是电文类型 1005[参考站天线参考点(antenna reference point，ARP) 信息，无高度信息]的样本(十六进制)：

D300133ED7D30202980EDEEF34B4BD62AC0941986F33360B98

解码后，电文内容如下：

参考站 ID = 2003
服务类型　支持 GPS，不支持 GLONASS、Galileo、BDS
ARP ECEF-X = 1 114 104.599 9 m
ARP ECEF-Y = −4 850 729.710 8 m
ARP ECEF-Z = 3 975 521.464 3 m

4. 数据链路层

数据链路层用于定义物理层中差分电文数据流的编码方式，具体包括流控、打包、加密或附加的错误校验方法等。数据链路层的内容应由服务提供者根据应用内容进行定义。

5. 物理层

物理层定义了差分电文在电子和机械层面传输方式，可能包括最小频移键控信标，超高频、甚高频调制解调器，FM 调频数据广播信道副载波，卫星链路，线缆等。物理层的内容应由服务提供者根据应用内容进行定义。

2.4 RINEX 格式

卫星数据处理时所采用的观测数据来自 GNSS 接收机，由于接收机型号不同以及不同的接收机制造商设计的数据格式各不相同，为了方便后续的数据处理，国际上设计了一种与接收机无关的接收机自主数据交换格式(receiver independent exchange format，RINEX)，这是一种在数据处理中普遍采用的标准数据格式。RINEX 采用文本文件形式存储数据，数据记录格式与接收机制造商和具体型号无关。

2.4.1 RINEX 发展历程

1. RINEX 第一版

RINEX 第一版是在 1989 年美国新墨西哥州拉斯克鲁塞斯(Las Cruces)举行的第五届以卫星定位为主题的国际大地测量座谈会上提出并通过的。

2. RINEX 第二版

RINEX 第二版是在 1990 年加拿大渥太华举行的以利用全球定位系统进行精密定位的第二次座谈会上提出并通过的，相比于第一版主要增加了不同系统的轨道信息。在 RINEX 第二版中定义了几种不同类型的数据文件，分别用于存放不同类型的数据，包括 GPS 观测值文件(用于存放 GPS 观测值)、GPS 导航电文文件(用于存放 GPS 导航电文)、气象数据文件

(用于存放在测站测定的气象数据文件)、GLONASS 导航电文文件(用于存放 GLONASS 导航电文文件)、GEO 导航电文文件(用于存放在增强系统中搭载类 GPS 信号发生器的地球静止轨道卫星的导航电文)及卫星和接收机时钟文件(用于存放卫星和接收机时钟信息)。

RINEX 第二版中还有三个次生版本 2.10、2.11 和 2.20,其中 2.20 版为非官方版本。2.10 版除了在采样率方面的微小变化外,把原始信号的波长作为新的观测量。

2.11 版将 L2C 伪距的码观测量用两个字符进行定义,并对地球静止轨道卫星导航文件进行了一些修正。

2.20 版为非官方版本,主要用于国际 GNSS 服务局 LEO 试验工程中空基接收机的轨道信息的转换。

3. RINEX 第三版

卫星导航系统不断增加,要求观测数据编码更灵活、更具体。混合系统的数据文件包含了多种卫星导航系统的轨道信息,且每个系统都具有不同的观测数据类型,为了更好地利用这些数据文件,对数据的记录格式进行了较大的调整。为了满足各种需求,RINEX 3.00 版应运而生。

由于 RINEX 3.00 版中的 GPS 导航电文文件和 GLONASS 导航电文文件仍沿袭 RINEX 2.10 版中的数据记录格式,所以相对于 RINEX 2.10 版,RINEX 3.00 版最大的区别主要表现在观测数据文件中。随着 GNSS 的不断发展,卫星导航系统的不断增加,RINEX 第三版也在不断更新,第三版中的最高版本为 RINEX 3.05 版。

4. RINEX 第四版

2021 年发布的 RINEX 4.00 版是对格式文件的重大修订,主要是为了适应来自所有 GNSS 星座的导航电文和改正参数,如电离层改正参数、地球定向参数和系统钟差等。RINEX 4.00 版观测文件格式保持不变,增加了一些 QZSS 信号和跟踪代码,以完全支持即将到来的 L1C/B 信号。2024 年 10 月已更新到 RINEX 4.02 版。

2.4.2 RINEX 4.00 版文件类型

RINEX 4.00 版包含以下三种类型的文件:观测数据文件、导航电文文件、气象数据文件。每个文件类型由一个标题部分和一个数据部分组成。标题部分包含整个文件的全局信息,并放置在文件的开头。标题部分包含标题栏中每一行的第 61～80 列的标题标签。这些标签是强制性的,必须在这些描述和示例中显示出来。该格式已经对最低空间要求进行了优化,它独立于特定接收机或卫星导航系统的不同观测类型,并在标题中指示对应的接收机和观测到的卫星导航系统。在允许可变记录长度的计算机系统中,观测记录可以尽可能地缩短,但对观测记录没有最大长度限制。

每个观测数据文件和每个气象数据文件基本上都包含一个站点和一个时段的数据。从 RINEX 第二版开始,还允许包含在一个快速静态或运动应用中的接收器所使用的多个站点的观测数据。尽管第二版和更高版本允许将某些头记录插入数据部分,但不建议将多个接收器(或天线)的数据连接到同一个文件中,即使数据不能及时重叠。

RINEX 4.00 版导航电文包含多个卫星导航系统的导航信息(GPS、GLONASS、BDS、Galileo、QZSS、IRNSS 和 SBAS)。

最初的 RINEX 文件命名约定将文件名限制为 8.3 个字符,现代操作系统通常支持

255个字符文件名。新文件命名约定的目标是更具有描述性、灵活性和可扩展性。图2.7列出了RINEX 3.02(以及后续版本)文件命名约定的元素。

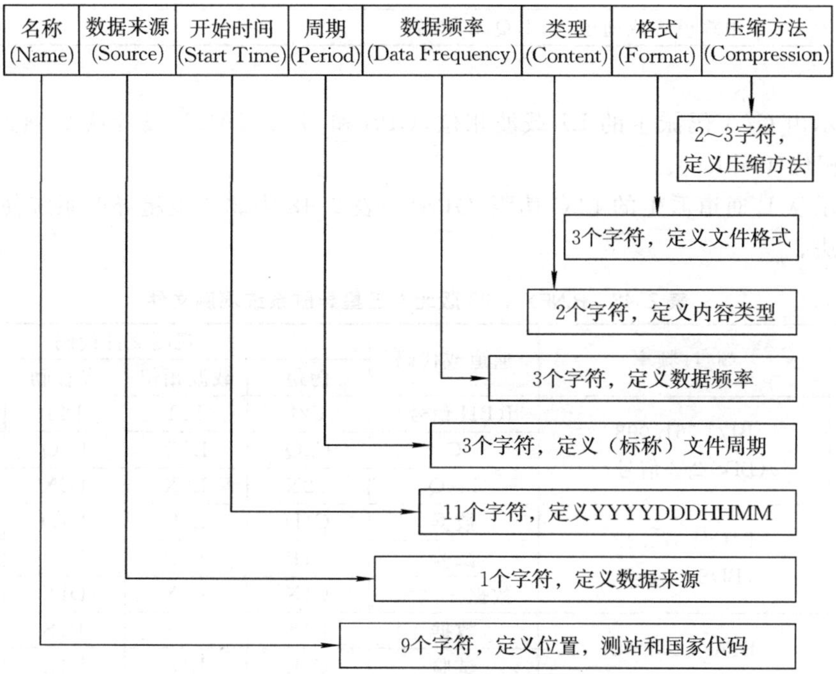

图2.7　文件名参数介绍

所有元素都是固定长度的，除了使用周期的文件类型和压缩字段之外，它们被一个下划线隔开，"_"作为一个分隔符。字段必须添加零来填充字段宽度。文件压缩字段是可选的。表2.46列出了GNSS观测数据文件和导航电文文件的示例文件名。

表2.46　示例文件名

文件名	注释
ALGO00CAN_R_20121601000_01H_01S_MO.rnx	混合GNSS观测数据文件包含一个1 h数据，采样间隔为1 s
ALGO00CAN_R_20121601000_15M_01S_GO.rnx	GPS观测数据文件中包含15 min数据，采样间隔为1 s
ALGO00CAN_R_20121601000_01H_05Z_MO.rnx	混合GNSS观测数据文件中包含1 h数据，采样间隔为0.2 s
ALGO00CAN_R_20121601000_01D_30S_GO.rnx	GPS观测数据文件包含1天数据，采样间隔为30 s
ALGO00CAN_R_20121601000_01D_30S_MO.rnx	混合GNSS观测数据文件包含1天数据，采样间隔为30 s
ALGO00CAN_R_20121600000_01D_GN.rnx	GPS导航电文文件包含1天数据
ALGO00CAN_R_20121600000_01D_RN.rnx	GLONASS导航电文文件，包含1天数据
ALGO00CAN_R_20121600000_01D_MN.rnx	混合GNSS导航电文文件，包含1天的数据

2.4.3　观测数据文件

GPS、Galileo和北斗卫星导航系统的新信号结构使得基于多个通道中的一个或多个通道组合产生代码和相位观测成为可能：双通道信号由I和Q组件组成，三通道信号由A、B和C组成。此外，还可以对E5a+E5b Galileo频率的组合进行宽带跟踪。为了使观测代码短小，仍然允许对实际信号生成进行详细的描述，代码的长度从2个(第一版和第二版)增加到3个，添加一个信号生成属性。观察代码(tna)由三个部分组成，见表2.47。

表 2.47　RINEX 4.00 版观测数据文件参数

t:观测类型	C=伪距	L=载波相位	D=多普勒	S=信号强度	X=通道数
n:带宽/频率	1,2,…,8,9				
a:属性	跟踪模式或通道,如 I,Q,C,P 等				

例如:

L1C 表示由 C/A 码派生的 L1 载波相位(GPS 和 GLONASS)或者从 C 通道派生的 E2-L1-E1 载波相位(Galileo)。

C2L 表示从 L 通道派生的 L2C 伪距(GPS)。表 2.48 为北斗卫星导航系统使用的频率及信号编码方法。

表 2.48　RINEX 4.00 版北斗卫星导航系统观测文件

系统名称	频点/频率	通道或代码	观测文件代码			
			伪距	载波相位	多普勒	信号增强
BDS	B1/1 561.098 (BDS 2/3 信号)	I(B1I 信号)	C2I	L2I	D2I	S2I
		Q	C2Q	L2Q	D2Q	S2Q
		I+Q	C2X	L2X	D2X	S2X
	B1C/1 575.42 (BDS 3 信号)	数据	C1D	L1D	D1D	S1D
		试验	C1P	L1P	D1P	S1P
		数据+试验	C1X	L1X	D1X	S1X
	B1A/1 575.42 (BDS 3 信号)	数据	C1S	L1S	D1S	S1S
		试验	C1L	L1L	D1L	S1L
		数据+试验	C1Z	L1Z	D1Z	S1Z
	B2a/1 576.45 (BDS 3 信号)	数据	C5D	L5D	D5D	S5D
		试验	C5P	L5P	D5P	S5P
		数据+试验	C5X	L5X	D5X	S5X
	B2/1 207.14 (BDS 2 信号)	I(B2I 信号)	C7I	L7I	D7I	S7I
		Q	C7Q	L7Q	D7Q	S7Q
		I+Q	C7X	L7X	D7X	S7X
BDS	B2b/1 207.14 (BDS 3 信号)	数据	C7D	L7D	D7D	S7D
		试验	C7P	L7P	D7P	S7P
		数据+试验	C7Z	L7Z	D7Z	S7Z
	B2(B2a+B2b)/1 191.795 (BDS 3 信号)	数据	C8D	L8D	D8D	S8D
		试验	C8P	L8P	D8P	S8P
		数据+试验	C8X	L8X	D8X	S8X
	B3/1 268.52 (BDS 2/3 信号)	I	C6I	L6I	D6I	S6I
		Q	C6Q	L6Q	D6Q	S6Q
		I+Q	C6X	L6X	D6X	S6X
	B3A/1 268.52 (BDS 3 信号)	数据	C6D	L6D	D6D	S6D
		试验	C6P	L6P	D6P	S6P
		数据+试验	C6Z	L6Z	D6Z	S6Z

2.4.4　导航电文

RINEX 格式北斗导航电文文件数据记录中的内容为,按卫星和参考时刻存放的各颗卫星的时钟和轨道数据(表 2.49)。下面的格式中,A 表示字符型,I 表示整数型,X 表示空格,D

表示双精度浮点型。

表 2.49 北斗 D1、D2 导航电文文件数据记录描述

观测文件记录	描述	格式
记录类型、导航系统、卫星编号、导航信息类型	—新记录标识符:> —导航电文数据记录类型:EPH —卫星系统(C),卫星编号(PRN) —导航信息类型:D1 或 D2	A1 1X,A3 1X,A3 A2
导航系统、卫星编号、历元、导航系统时间参数	—卫星系统(C),卫星编号(PRN) —历元:t_{oc}(4 位) —月,天,时,分,秒 —钟差 —钟漂 —钟漂变化率	A1,I2.2, 1X,I4 5,1X,I2.2, 3D19.12
广播星历-1	—AODE 数据龄期:星历表和范围是 0~31 —C_{rs} —Δn —M_0	4X,4D19.12
广播星历-2	—C_{uc} —e —C_{us} —$\sqrt{A}$	4X,4D19.12
广播星历-3	—t_{oe} —C_{ic} —Ω_0 —C_{is}	4X,4D19.12
广播星历-4	—i_0 —C_{rc} —ω —$\dot{\Omega}$	4X,4D19.12
广播星历-5	—IDOT —备份 —BDT 周 —备份	4X,4D19.12 A19 D19.12 A19
广播星历-6	—SV 精度(卫星空间信号精度,单位为米,通常用用户距离精度指数表征,用 N 表示:当 $0 \leqslant N < 6$ 时,精度范围为 $2^{(1+N/2)}$,保留到小数点后1位,如 $N=1,3,5$ 时,经四舍五入后分别为 2.8、5.7、11.3;当 $6 \leqslant N < 15$ 时,使用 $2^{(N-2)}$;当 $N=15$ 时,表示卫星轨道机动或者没有精度预报。) —SatH1 —T_{GD1} B1/B3 —T_{GD2} B2/B3	4X,4D19.12

续表

观测文件记录	描述	格式
广播星历-7	—传输时间②(BDT 周) —AODC 范围为 0～31	4X,2D19.12

注:1. 为了兼容不同的编译器,导航文件中的所有浮点数的分数和指数之间允许使用字母 E、e、D 和 d 作为指数指示符。要求指数必须是用零填充的两位数。

2. RINEX 格式的传输角度及其导数必须转换为弧度,以弧度和弧度/秒为单位。

①北斗周数是一个连续的数字,广播星历中 BDT 周有 13 bit,从 2006 年 1 月 1 日第 0 周开始,8 191 周后复位。因此,北斗周数＝BDT 周_BRD＋n・8 192,其中“BDT 周_BRD”表示广播星历中的 BDT 周数,n 为 BDT 周复位次数。

②通过±604 800 来调整信息的传输时间,如有需要,可在广播星历-5 中引用所报道的周。如果不知道,将值设置为 0.9999E＋09。

北斗导航电文示例如下：

```
----|---1|0---|---2|0---|---3|0---|---4|0---|---5|0---|---6|0---|---7|0---|---8|
     3.03           NAVIGATION DATA     M (Mixed)           RINEX VERSION / TYPE
BCEmerge            montenbruck         20140517 072316 GMT PGM / RUN BY / DATE
DLR: O. Montenbruck; TUM: P. Steigenberger                  COMMENT
BDUT -9.3132257462e-10 9.769962617e-15      14   435        TIME SYSTEM CORR
                                                            END OF HEADER
C01 2014 05 10 00 00 00 2.969256602228e-04 2.196998138970e-11 0.000000000000e+00
     1.000000000000e+00 4.365468750000e+02 1.318269196918e-09-3.118148933476e+00
     1.447647809982e-05 2.822051756084e-04 8.092261850834e-06 6.493480609894e+03
     5.184000000000e+05-2.654269337654e-08 3.076630958509e+00-3.864988684654e-08
     1.103024081152e-01-2.506406250000e+02 2.587808789012e+00-3.039412318009e-10
     2.389385241772e-10 0.000000000000e+00 4.350000000000e+02 0.000000000000e+00
     2.000000000000e+00 0.000000000000e+00 1.420000000000e-08-1.040000000000e-08
     5.184000000000e+05 0.000000000000e+00
----|---1|0---|---2|0---|---3|0---|---4|0---|---5|0---|---6|0---|---7|0---|---8|
```

2.5 RS-232 标准

目前 GNSS 接收机与计算机之间的连接大部分还是通过串行通信接口。串行通信接口标准经过使用和发展,目前已经有几种,但都是在 RS-232 标准的基础上经过改进而形成的。常用物理标准有 EIA-RS-232-C、EIA-RS-422-A、EIA-RS-423A、EIA-RS-485。这里只介绍 EIA-RS-232-C(简称为“RS-232C”)。

2.5.1 RS-232C 标准

RS-232C 标准(协议)的全称是 EIA-RS-232C 标准,其中 EIA 代表美国电子工业协会(Electronic Industry Association),RS 代表推荐标准(recommended standard),232 是标识号,C 代表 RS-232 的版本。它规定连接电缆的规格及机械、电气特性,并定义了信号功能及传送过程。RS-232C 对电器特性、逻辑电平和各种信号线功能都作了规定。

(1)在 TxD 和 RxD 上：

逻辑 1(MARK)＝－3 V～－15 V；

逻辑 0(SPACE)＝＋3 V～＋15 V。

(2)在 RTS、CTS、DSR、DTR 和 DCD 等控制线上：

信号有效(接通,ON 状态,正电压)＝＋3 V～＋15 V；

信号无效(断开,OFF 状态,负电压)＝－3 V～－15 V。

以上规定说明了RS-232C标准对逻辑电平的定义。对于数据(信息码),逻辑“1”(传号)的电平低于-3 V,逻辑“0”(空号)的电平高于$+3$ V;对于控制信号,接通状态(ON)即信号有效的电平高于$+3$ V,断开状态(OFF)即信号无效的电平低于-3 V。也就是当传输电平的绝对值大于3 V时,电路可以有效地检查出来,介于$-3\sim+3$ V之间的电压无意义,低于-15 V或高于$+15$ V的电压也认为无意义,因此,实际工作时,应保证电平为$\pm(3\sim15)$V。

2.5.2 RS-232C与晶体管-晶体管逻辑电路转换

RS-232C是用正负电压来表示逻辑状态,与晶体管-晶体管逻辑电路(transistor-transistor logic,TTL)以高低电平表示逻辑状态的规定不同。因此,为了能够同计算机接口或终端的TTL器件连接,必须在RS-232C与TTL之间进行电平和逻辑关系的变换。实现这种变换的方法可用分立元件,也可用集成电路芯片。目前广泛使用集成电路转换器件,如MC1488、SN75150芯片可完成TTL电平到EIA电平的转换,而MC1489、SN75154可实现EIA电平到TTL电平的转换,MAX232芯片可完成TTL和EIA双向电平转换。

图2.8显示了MC1488和MC1489的内部结构和引脚。MC1488的引脚(2)、(4,5)、(9,10)和(12,13)接TTL输入,引脚3、6、8、11输出端接RS-232C。MC1489的引脚1、4、10、13接EIA输入,而引脚3、6、8、11接TTL输出。具体连接方法如图2.9所示。图中的左边是计算机串行接口电路中的主芯片即通用异步接收发送设备(universal asynchronous receiver/transmitter,UART),它是TTL器件,右边是RS-232C连接器,要求EIA高电压。因此,RS-232C所有的输出、输入信号都要分别经过MC1488和MC1498转换器进行电平转换后,才能送到连接器上去或从连接器上送进来。

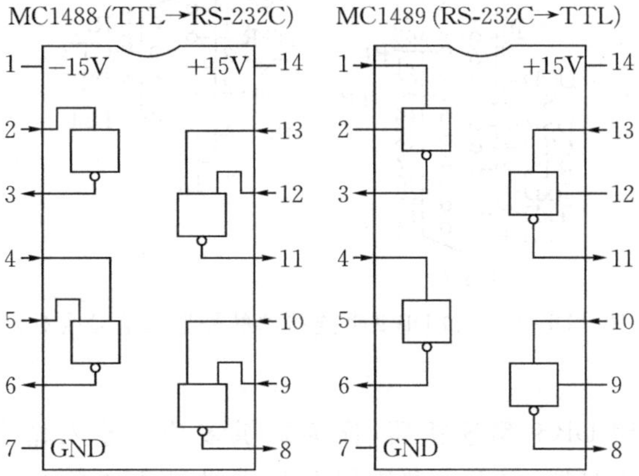

图2.8 MC1488和MC1489的内部结构和引脚

2.5.3 连接器及其接口定义

由于RS-232C并未定义连接器的物理特性,因此,出现了DB-25和DB-9等各种类型的连接器,其引脚的定义也各不相同。下面分别介绍两种连接器。

1. DB-25型连接器

DB-25型连接器定义了25根信号线,分为4组,对应引脚如下:①异步通信的电压信号9个(含信号地SG,2,3,4,5,6,7,8,20,22);②20 mA电流环信号9个(12,13,14,15,16,17,

19,23,24);③空 6 个(9,10,11,18,21,25);④保护地(PG)1 个,作为设备接地端(引脚 1)。

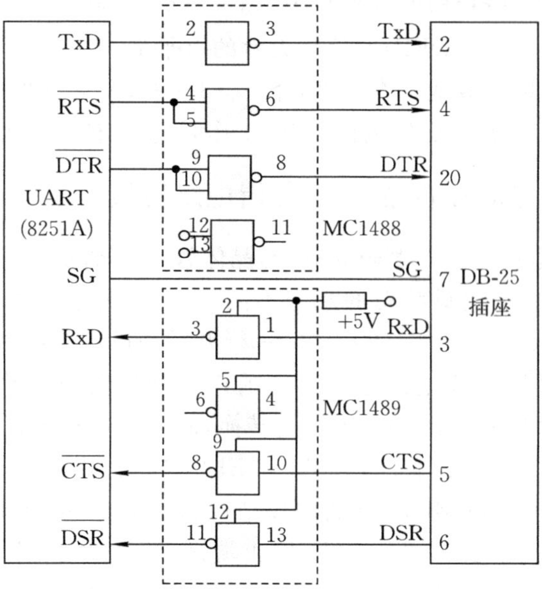

图 2.9　电平转换连接方法

DB-25 型连接器的外形及信号线对应引脚如图 2.10 所示。注意,20 mA 电流环信号仅有一些早期设备提供,后来已不支持。

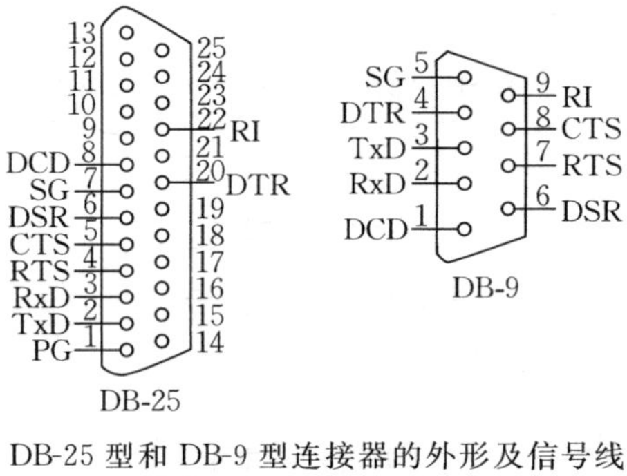

图 2.10　DB-25 型和 DB-9 型连接器的外形及信号线对应引脚

2. DB-9 型连接器

很多计算机接口使用 DB-9 型连接器,作为提供多功能输入输出卡或主板上 COM1 和 COM2 两个串行接口的连接器。DB-9 型连接器只提供异步通信的 9 个信号,其引脚分配与 DB-25 型连接器引脚信号完全不同。因此,若与配接 DB-25 型连接器的数据电路终端设备(data circuit terminal equipment,DCE)连接,必须使用专门的电缆线。

3. 电缆长度

在通信速率低于 20 kbit/s 时,RS-232C 所直接连接的最大物理距离为 15 m。RS-232C 标准规定,若不使用调制解调器,在码元畸变小于 4%的情况下,数据终端设备(data terminal equipment,DTE)和 DCE 之间的最大传输距离为 15 m。可见这个最大的距离是在码元畸变小于 4%的前提下给出的。为了保证满足码元畸变小于 4%的要求,接口标准在电气特性中规定,驱动器的负载电容应小于 2 500 pF。

4. **接口定义**

RS-232C 标准接口有 25 条线，包括 4 条数据线、11 条控制线、3 条定时线、7 条备用和未定义线，常用的只有 9 根。

1)联络控制信号线

数据装置准备好(data set ready，DSR)有效(ON)状态，表明调制解调器处于可以使用的状态。

数据终端准备好(data set ready，DTR)有效(ON)状态，表明数据终端可以使用。

这两个信号线通常连到电源上，一通上电就立即有效。这两个设备状态信号有效，只表示设备本身可用，并不说明通信链路可以开始进行通信了，能否开始进行通信要由下面的控制信号决定。

请求发送(request to send，RTS)用来表示 DTE 请求 DCE 发送数据，即当终端要发送数据时，使该信号有效(ON)，向调制解调器请求发送。它用来控制调制解调器是否要进入发送状态。

允许发送(clear to send，CTS)用来表示 DCE 准备好接收 DTE 发来的数据，是对请求发送信号的应答信号。当调制解调器已准备好接收终端传来的数据，并向前发送时，使该信号有效(ON)，通知终端开始沿发送数据(transmitted data，TxD)线发送数据。

请求应答联络信号 RTS 和 CTS 用于半双工系统中发送方式和接收方式之间的切换。在全双工系统中，因配置双向通道，故不需要 RTS 和 CTS 联络信号。

接收线信号检出(received line detection，RLSD)用来表示 DCE 已接通通信链路，告知 DTE 准备接收数据。当本地收到由通信链路另一端(远地)送来的载波信号时，使 RLSD 信号有效，通知终端准备接收，并且将接收的载波信号解调成数字数据后，沿接收数据(received data，RxD)线送到终端。此线也叫作数据载波检出(data carrier detection，DCD)线。

振铃指示(ringing，RI)，即当收到送来的振铃呼叫信号时，使该信号有效(ON)，通知终端，已被呼叫。

2)数据发送与接收线

发送数据，即通过 TxD 线终端将串行数据发送到调制解调器，是从 DTE 到 DCE。

接收数据，即通过 RxD 线终端接收从调制解调器发来的串行数据，是从 DCE 到 DTE。

3)地线

信号地(signal ground，SG)是零电位的参考点。

保护地(protective ground，PG)是电气系统中的一种安全措施。

上述信号线何时有效、何时无效的顺序表示了接口信号的传送过程。例如，只有当 DSR 和 DTR 都处于有效(ON)状态时，才能在 DTE 和 DCE 之间进行传送操作。若 DTE 要发送数据，则预先将 DTR 线置成有效(ON)状态，等 CTS 线接收到有效(ON)状态的回答后，才能在 TxD 线上发送串行数据。这种顺序的规定对半双工系统的通信线路特别有用，因为只有这样才能确定 DCE 已由接收方向改为发送方向，这时线路才能开始发送。

2.5.4　设备间的通信方法

1. **远距离通信**

远距离通信是指传输距离大于 15 m 的通信，一般要加调制解调器，因此使用的信号线较多。

1)采用调制解调器(DCE)与电话网通信时的信号连接

若在双方调制解调器之间使用普通电话线进行通信,除了需要图 2.10 中信号线 2～8 外还要增加 RI(信号线 22)和 DTR(信号线 20)两个信号线进行联络,如图 2.11 所示。DTE 信号为 RS-232C 信号,DTE 与计算机之间的电平转换电路未画出。

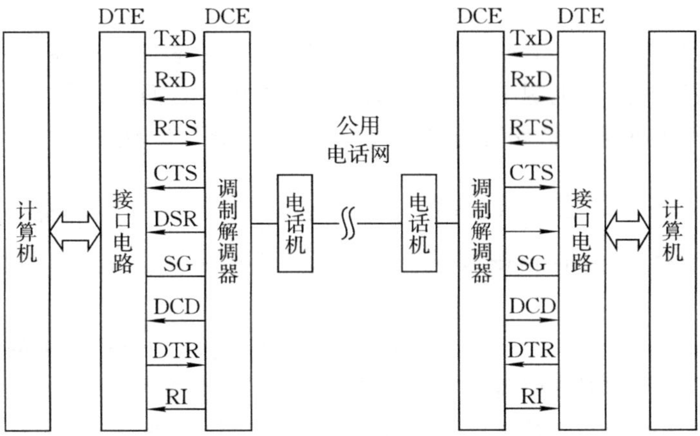

图 2.11 调制解调器(DCE)与电话网通信时的信号连接

先通过电话机拨号呼叫对方,电话交换台向对方发出拨号呼叫信号,当对方 DCE 接收到该信号后,使 RI 有效,通知 DTE,已被呼叫。当对方"摘机"后,两方建立了通信链路。

若计算机要发送数据至对方,先通过 DTE 发出 RTS(请求发送)信号。此时,若 DCE 允许传送,则向 DTE 回答 CTS(允许发送)信号。一般可直接将 RTS、CTS 接高电平,即只要通信链路已建立,就可传送信号。

当 DTE 获得 CTS(允许发送)信号后,通过 TxD 线向 DCE 发出串行信号,DCE 将这些数字信号调制成模拟信号(又称载波信号),传向对方。

计算机向 DTE 数据输出寄存器传送新的数据前,应检查调制解调器状态和数据输出寄存器是否为空。当对方的 DCE 接收到载波信号后,向对方的 DTE 发出 DCD(数据载波检出)信号,通知其 DTE 准备接收,同时将载波信号解调为数字信号,从 RxD 线上传送给 DTE,DTE 通过串行接收移位寄存器对接收到的位流进行移位,当接收到 1 个字符的全部位流后,把该字符的数据位送到数据输入寄存器,计算机可以从数据输入寄存器读取字符。

2)采用专用电话线通信

若在通信双方的调制解调器之间使用电话线进行通信,则只要使用信号线 2～8 进行联络与控制,不需要电话机、RI 和 DTR 信号。

2. 近距离通信

当通信距离较近时,可不需要调制解调器,通信双方可以直接连接。在这种情况下,只需使用少数几根信号线。最简单的情况是,在通信中根本不需要 RS-232C 的控制联络信号线,只需三根线(发送线、接收线、信号地线)便可实现全双工异步串行通信。

2.6 卫星导航可视化

卫星导航的基本作用是向用户提供实时准确、连续的位置、速度和时间信息，用来完成对各种目标的定位、导航、监测和管理。卫星导航可视化就是在导航过程中为用户提供一种可视化的人机交互平台，向用户提供与导航有关的信息，并在电子地图上交互地显示这些信息。

2.6.1 卫星信息的可视化

卫星信息的可视化目标是提供直观、易于理解的导航数据展示，如星空图(图 2.12)和信噪比图(图 2.13)等，帮助用户快速获取卫星位置、信号强度等关键信息。

星空图通常展示的内容包括卫星的编号、卫星相对于接收机的位置等。卫星的编号用于区分不同的卫星，也包括不同卫星导航系统的卫星。卫星高度角、方位角可以表示卫星相对于接收机的位置。卫星高度角的定义为接收机到卫星的视线方向与接收机所处水平面的夹角，常用符号 E 表示；卫星方位角的定义为接收机到卫星的视线方向在接收机所处水平面的投影与正北方向的夹角，常用符号 A 表示。从以上定义可以看出，卫星高度角 E、方位角 A 和卫星到接收机的距离(用符号 r 表示)即为卫星在以接收机为极点的极坐标系中的三个坐标值。

卫星信号强度可以通过不同的颜色或数值来表示。信噪比(signal to noise ratio，SNR)，即信号与噪声的比值。SNR 数值越高，表示卫星信号越强，受到的干扰越小。SNR 数值在 30 以上，表示卫星信号非常强，可以提供非常精确的定位；SNR 数值在 20 和 30 之间，表示信号良好，定位比较准确；SNR 数值在 10 和 20 之间，表示信号一般，定位可能会稍有偏差；SNR 数值低于 10，表示信号较弱，定位可能会受到较大影响。

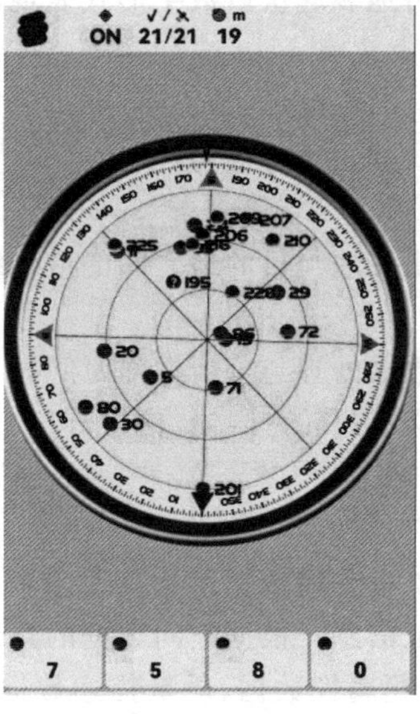

图 2.12 星空图

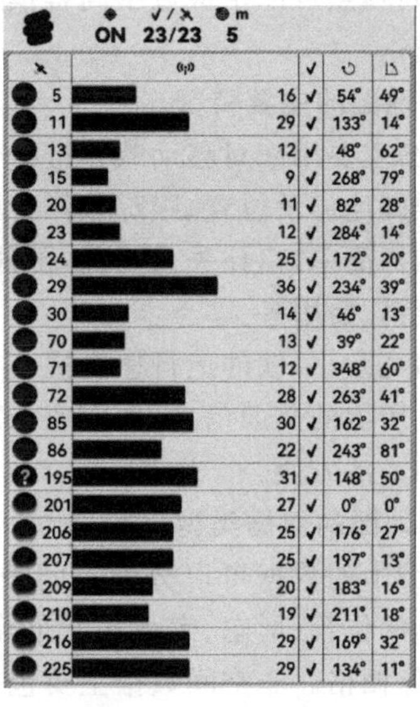

图 2.13 信噪比图

2.6.2 导航参数的可视化

导航参数包括航向、航速、航距、航偏角、航偏距等导航元素。导航用户根据导航参数值，人工或自动调整运动载体的运动参数，从而实现导航的目的，引导运动载体安全、有效、准时地到达目的地。为了方便用户使用，导航参数可以采用不同的表示形式，如数字式、视图式等，目前大部分卫星导航设备采用数字式和视图式。

（1）速度信息。运动载体的速度信息包括即时速度、最大速度、平均速度，根据用户的需求可以自行切换。

（2）航向信息。航向信息包括航向、航偏角、航偏距。一般用指针表示载体当前前进方向，即航向。指针会随载体航向的变化而变化，如图2.14所示。航偏角指实际航向与计划航向的夹角，向右为正。航偏距指当前位置与计划航线的垂直距离。

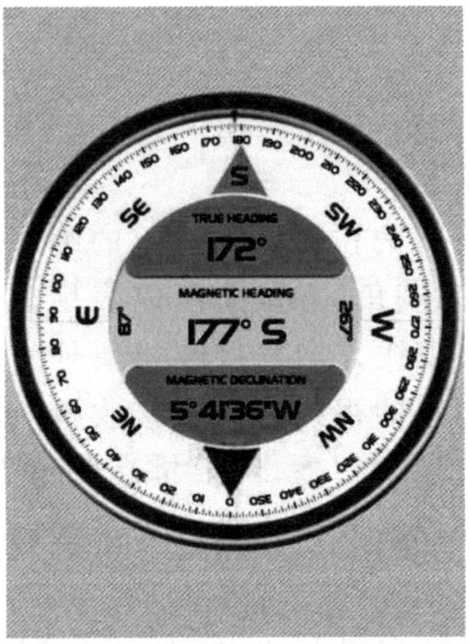

图2.14 航向信息

2.6.3 导航电子地图

导航电子地图是指含有空间位置地理坐标，能够与空间定位系统结合，准确引导人或交通工具从出发地到达目的地的电子地图及数据集。基于导航电子地图，可以非常方便地对普通地图的内容进行任意形式的要素组合、拼接，形成新的地图；可以进行任意比例尺、任意范围的绘图输出；非常容易进行修改，缩短成图时间；可以方便地与卫星影像、航空照片等其他信息源结合。在生成的新地图中，可以利用数字地图记录的信息和派生的新数据（如地图上等高线）表示地貌形态，但非专业人员很难看懂。利用电子地图的等高线和高程点可以生成数字高程模型，将地表起伏以数字形式表现出来，可以直观立体地表现地貌形态。

1. 导航电子地图的主要特征

导航电子地图主要用来对移动载体进行导航，其主要特征为：

（1）能实时准确地显示位置、跟踪载体行驶过程。

（2）数据库结构简单，拓扑关系明确，可计算出发地与目的地之间的最佳线路，“最佳”的标准可以为时间、距离、费用等。

（3）数据存储冗余小，软件运行速度快，空间数据处理与分析操作时间短。

（4）包含导航所需的交通信息，如限速标志、交叉口转弯限制、信号灯等。

（5）信息查询灵活方便。

2. 导航电子地图的数据类型

导航电子地图中的数据可以分为空间数据和非空间数据两大类。空间数据又叫几何数据，用来表示物体的位置、形态、大小和分布等特征信息。根据空间数据的几何特点，又可以分为图形数据和图像栅格。非空间数据主要包括专题属性数据、质量描述数据和时间因素等语义信息，是空间数据的语义描述，反映了空间实体的本质特征。非空间数据在导航电子地图中用于信息查询和数据分析。

3. **导航电子地图的数据特征**

导航电子地图中的数据特征可以包含以下几个方面：

(1)质量特征，导航电子地图中的数据包括物理、化学、自然、经济等多个方面。

(2)数量特征，如居民地人口、线状物的长度、面状物的面积，土壤的酸碱度、雨量、温度等。

(3)时间特征，各种自然的或人工的地图对象均有其产生、存在及消失的时间，地图数据的时间特征直接反映了地图对象的时间变化规律。

(4)空间特征，即地图对象在地理空间的分布及相互关系。

4. **导航电子地图在导航定位中的应用**

导航电子地图在导航中的作用广泛，具体在可视化导航中的应用可以分为以下三种情况：

(1)自主导航系统，由导航设备和电子地图组成，导航设备用于确定位置，电子地图用于显示、信息查询、路径选择等。

(2)管理系统，由管理中心和移动载体组成，导航电子地图安装在管理中心，各移动载体的位置由无线数据传输设备传输到管理中心，管理中心的电子地图显示各移动车辆的位置，从而实现对移动车辆的管理。

(3)组合导航，是上述两类系统的结合，导航电子地图配置在管理中心，也配置在移动车辆上，因此组合系统具有上述两类系统的功能。

2.7　导航路径规划

在导航电子地图应用中，导航路径规划是帮助用户规划行驶路线的过程，是导航的一个基本环节，也是实现导航功能的前提条件。导航系统中的路径规划要解决的问题是在给定的道路网中规划从出发点到目的地的最优路径。最优路径规划都可以归结为在特定的道路网中具有最小代价的最短路径问题，即图论中的最短路径问题。戴克斯特拉(Dijkstra)算法是求解这一问题的基本方法。在导航中，往往需要综合利用导航电子地图的数据结构、搜索算法和多级搜索技术，从而有效地加速最优路径的搜索。

2.7.1　路径规划原理

图论是研究与图有关的理论和算法的一门学科，它的应用领域非常广泛，包括语言学、逻辑学、物理学、化学、计算机科学、系统科学等。近年来随着计算机技术的飞速发展，图论在数据结构、网络设计等方面的作用正变得越来越显著。车辆导航系统的最优路径规划属于图论中的最短路径问题。为说明其数学描述和求解原理，下面先介绍图论中的相关定义和术语。

(1)图。图论中所研究的图并非普通意义上的图形，它表示的是定义在顶点集上的二元关系，其本质是抽象的概念。从计算机科学的观点来看，图是一种数据结构，它的形式化定义为

$$G=(V,E) \tag{2.1}$$

式中，V 是顶点的有穷非空集合；E 是两个顶点之间关系的集合，若 $V=\{v_1,v_2,v_3,v_4,v_5\}$，$E=\{(v_1,v_2),(v_2,v_3),(v_3,v_4),(v_3,v_5),(v_1,v_5),(v_5,v_5)\}$，其定义的图如图 2.15(a)所示。

(2)有向图与无向图。有向图 G1 中的边是有方向的，从顶点 V_i 到 V_j 的边表示为 $<v_i,v_j>$，边也称为弧，如图 2.15(b)所示。无向图 G2 中，以无序对 (v_i,v_j) 表示，如图 2.15(c)所示。

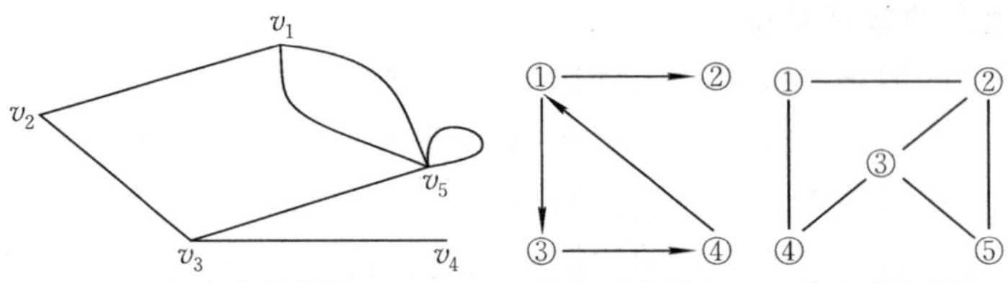

图 2.15 图的示例

(3)邻接与关联。对于无向图 $G=(V,E)$，若有边 $(v,v')\in E$，则称 v 和 v' 互为邻接点或 v 和 v' 相邻接；且边 (v,v') 依附于顶点 v 和 v'，或称边 (v,v') 与顶点 v 和 v' 相关联。对于有向图 $G=(V,E)$，若有弧 $<v,v'>\in E$，则称顶点 v 邻接到顶点 v'，顶点 v' 邻接自顶点 v，且弧 $<v,v'>$ 与顶点 v 和 v' 相关联。

(4)度。在无向图中，顶点 v 的度是指与顶点 v 相关联的边的数目，记为 $TD(v)$。在有向图中，顶点 v 的度是指与顶点 v 相关联的弧的数目，其中以 v 为弧头的弧的数目称为 v 的入度，记为 $ID(v)$，以 v 为弧尾的弧的数目称为出度，记为 $OD(v)$；顶点 v 的度等于二者之和，即 $TD(v)=ID(v)+OD(v)$。对于一个有 n 个顶点和 e 条边或弧的图，若记其中顶点 v_i 的度为 $TD(v_i)$，则有

$$e=\frac{1}{2}\sum_{i=1}^{n}TD(v_i) \tag{2.2}$$

(5)路径。在无向图 $G=(V,E)$ 中，顶点序列 $(v_{i0}=v,v_{i1},\cdots,v_{in}=v')$ 称为从顶点 v 到顶点 v' 的一条路径，其中 $(v_{ij-1},v_{ij})\in E,1\leqslant j\leqslant n$。如果是有向图，则路径也是有向的，顶点序列应满足 $<(v_{ij-1},v_{ij})>\in E,1\leqslant j\leqslant n$。路径的长度是指路径上的边或弧的数目。序列中第一个顶点和最后一个顶点相同的路径称为回路或环，序列中顶点不重复的路径称为简单路径。

(6)连通。在无向图中，如果从顶点 v 到顶点 v' 有路径存在，则称 v 和 v' 是连通的。任意两个顶点都连通的无向图称为连通图。在有向图中，如果从顶点 v 到顶点 v' 有路径存在，则称 v' 相对于 v 是可达的；如果从 v 到 v' 和从 v' 到 v 都存在路径，则称 v 和 v' 是连通的。每一对顶点都连通的有向图称为强连通图。

(7)权与网。如果图的边或弧具有与之相关的数，则这种与边或弧相关的数就称为边或弧的权。权可以用来描述从一个顶点到另一个顶点的距离或耗费时间等。带权的图称为网，其中的顶点称为节点。图 2.16 所示为网的示例，这个网也是一个赋权有向图。

(8)图的存储方法。图的存储方法有数组表示法、邻接表表示法、十字链表表示法及邻接多重表表示法等。下面仅简单介绍邻接表表示法。

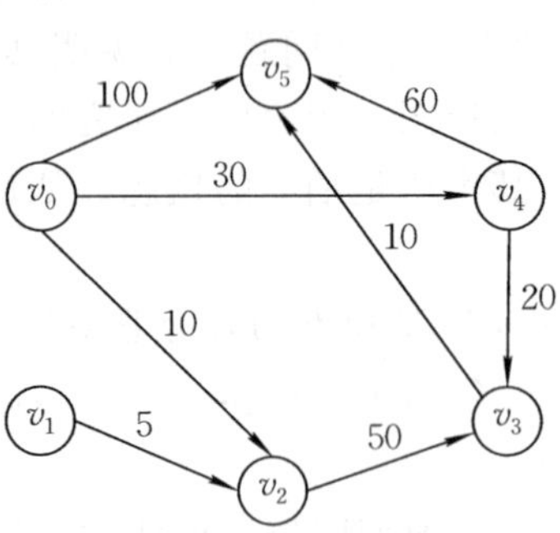

图 2.16 网的示例

邻接表是图的一种链式存储结构。在邻接表中，对图中每个顶点建立一个单链表，每个单链表中的节点表示依附于顶点 v_i 的边(对于有向图是以顶点 v_i 为弧尾的弧)。每个节点由三个域组成，其中邻接点域(adjvex)指示与顶点 v_i 邻接的点在图中的位置，链域(nextarc)指示下一条边或弧的节点，数据域(info)存储与边或弧相关的信息，如权值等。每个

单链表上附设一个表头节点。在表头节点中，除了设有链域(firstarc)指向单链表中第一个节点之外，还设有存储顶点 v_i 的名称或其他相关信息的数据域(vexdata)。邻接表结构如图 2.17 所示。

节点

adjvex	nextarc	info

表头节点

vexdata	firstarc

图 2.17　邻接表结构

如果把道路网中的道路起点、终点和交叉口表示为节点，把道路表示为连接节点的弧，把道路的长度、通行时间等属性表示为道路的权，那么道路网就被抽象为带权的有向图，而与之相关的问题就可以利用图论的方法进行分析。

2.7.2　最短路径问题

给定带权有向图 $G=(V,E)$，其中 V 是包含 n 个顶点的顶点集合，E 是包含 m 条弧的弧集合，$<v,w>$ 是 E 中从 v 到 w 的弧，$c(v,w)$ 是弧 $<v,w>$ 的非负权值。设 v_s、v_t 为 V 中的顶点，$P_{st}=\{v_0=v_s,v_1,\cdots,v_n=v_t\}$ 为 V 中从 v_s 到 v_t 的一条路径，则路径 P_{st} 的权值总和可表示为

$$TW(P_{st})=\sum_{i=0}^{n-1}c(v_i,v_{i+1}) \tag{2.3}$$

最短路径问题就是在带权有向图中，寻找从指定起点到终点的一条具有最小权值总和的路径。如果把权值看成弧的属性距离，那么目标路径就是从起点到终点的最短路径，这也是其名称的由来。如果把路径规划中的优化标准(最短路径)量化为道路的旅行代价，则最短路径规划就可以归结为在特定道路网中寻找具有最优旅行代价总和的最优路径问题，显然这与最短路径问题是等价的。

2.7.3　戴克斯特拉算法

戴克斯特拉算法是由戴克斯特拉(Dijkstra)于 1959 年提出的一个适用于所有弧的权均为非负值的最短路径算法，也是目前公认的求解最短路径问题最经典的算法。其主要思想是用逐点增长的方法构造一棵路径树，从而得到从该树的根节点(即指定节点)到其他所有节点的最短路径。其时间复杂度为 $O(n^2)$，其中 n 为节点个数。对于车辆导航系统来说，没有必要得到起点到所有节点的最短路径，因此在求解过程中只要得到终点的最短路径就可以终止算法。

首先设置一个辅助向量 $\boldsymbol{D}$，它的每个分量 d_i 表示当前所找到的从起点 v 到每个终点 v_i 的最短路径的长度。设置 $\boldsymbol{D}$ 的初始状态为：若从 v 到 v_i 有弧，则 d_i 为弧上的权值；否则令 d_i 为 ∞。显然，最短路径的长度 d_j 为

$$d_j=\min_i\{d_i \mid v_i\in V\} \tag{2.4}$$

这是从 v 出发的长度最短的一条路径。设 S 为已求得最短路径的终点的集合，则可以证明：下一条最短路径(终点为 x)是弧 $<v,x>$，或者是中间只经过 S 中的顶点而最后到达终点 x 的路径。因此，长度次短的最短路径的长度必为

$$d_j=\min_i\{d_i \mid v_i\in S\} \tag{2.5}$$

其中 d_i 是弧 $< v,v_i >$ 上的权值，或者是 $d_k(v_k \in S)$ 和弧 $< v_k,v_i >$ 上的权值之和。根据以上原理可得到如下面描述的最短路径生成算法：

(1)利用邻接矩阵 $\boldsymbol{C}$ 来表示带权有向图 G，其元素 c_{ij} 表示弧 $< v_i,v_j >$ 上的权值；若弧 $< v_i,v_j >$ 不存在，则将 c_{ij} 设为 ∞。令 S 为已找到的从 v_s 出发的最短路径的终点的集合，将其初始化为空集。用 d_i 表示从 v_s 出发到终点 v_i 的可达最短距离，取其初始值为

$$d_i = c_{si}, v_i \in V \tag{2.6}$$

(2)选择 v_j，使得

$$d_j = \min_i \{d_i \mid v_i \in V - S\} \tag{2.7}$$

则 v_j 就是当前从 v_s 出发的最短路径的终点。令

$$S = S \cup \{v_j\} \tag{2.8}$$

设目标路径终点为 v_t，如果此时 $v_j = v_t$，则算法终止，与 d_j 对应的路径就是从起点 v_s 至终点 v_t 的最短路径，否则转至步骤(3)。

(3)修改从 v_j 出发到集合 $V-S$ 中任一顶点 v_k 的可达最短路径长度，如果

$$d_j + c_{jk} < d_k \tag{2.9}$$

则修改 d_k 为

$$d_k = d_j + c_{jk} \tag{2.10}$$

其中 $v_j \in S$。

(4)重复操作步骤(2)、步骤(3)，直至找到从起点 v_s 至终点 v_t 的最短路径。

下面是一个戴克斯特拉算法实例，赋权有向图的带权邻接矩阵为

$$\begin{bmatrix} \infty & \infty & 10 & \infty & 30 & 100 \\ \infty & \infty & 5 & \infty & \infty & \infty \\ \infty & \infty & \infty & 50 & \infty & \infty \\ \infty & \infty & \infty & \infty & \infty & 10 \\ \infty & \infty & \infty & 20 & \infty & 60 \\ \infty & \infty & \infty & \infty & \infty & \infty \end{bmatrix}$$

假定计算从起点到终点的最短路径，表 2.50 所示为运算过程及运算过程中辅助向量的变化状况。

表 2.50　戴克斯特拉算法实例

顶点	向量 $\boldsymbol{D}$ 中 d_i 的值和最短路径			
	1	2	3	4
v_1	∞	∞	∞	∞
v_2	10 (v_0, v_2)	已找到		
v_3	∞	10+50=60 (v_0, v_2, v_3)	30+20=50 (v_0, v_4, v_3)	已找到
v_4	30 (v_0, v_4)	30 (v_0, v_4)	已找到	
v_5	100 (v_0, v_5)	100 (v_0, v_5)	30+60=90 (v_0, v_4, v_5)	50+10=60 (v_0, v_4, v_3, v_5)
v_j	v_2	v_4	v_3	v_5

第三章　国防建设和公共安全领域应用

3.1　国防建设领域应用

卫星导航的基本作用是为用户提供实时、准确、连续的位置、速度和时间信息。卫星导航系统本身既是外层空间争夺战的产物，又作为一个功能强大的军事传感器，成为天战、远程作战、导航战、电子战、信息战的重要武器。现代战争无论在时空规模上，还是在作战形式上都发生了根本性的变化。卫星导航系统虽然不是战斗实体，但能提升战斗实体的战斗力。现代战争中，卫星导航系统在协同作战、战术战略导弹制导、飞机航行与进场、飞机会合与空中加油、定点轰炸、伞兵空降、海上舰船航行、炮兵快速反应、地面部队调动、单兵实时定位等军事行动中都发挥了关键作用。卫星导航系统在战前部队的调动与部署，战争期间的指挥控制、部队机动、精确打击，以及战后评估、全空间防卫和后勤保障中都能发挥重要作用，在战争的各阶段影响着战争的形式和效能，对现代战争的成败是至关重要的。

建设独立自主的卫星导航系统是维护国家战略利益的需要，是建设信息化部队、打赢信息化战争的根本保证。数字化战场、数字化武器、数字化部队、数字化士兵等信息化作战指挥的重要基础都离不开卫星导航系统设备的支持。卫星导航系统设备应用范围广泛，应用模式多样，应用环境复杂。

3.1.1　一体化作战平台集成

信息化条件下的大规模局部战争，涉及面广、对抗性强，在一般意义上，只靠单一军种很难达成战争胜利的目标，诸军兵种联合作战成为必然的选择。战争的结果与部队调遣的及时性与准确性、火力支援和空中支援的效率密切相关，卫星导航系统能够为部队的数据分发、战场定位以及目标识别提供有力的保证，将战斗力集中在最需要的时间和空间上，有效地使用各种力量，准确地打击敌人，有效地保存己方力量。20 世纪 90 年代以来发生的几场较大规模的局部战争中，诸军兵种实施陆、海、空、天、电一体化联合作战，将作战效能整体整合，形成强大合力。

C^4ISR 系统是自动化指挥系统发展的高级阶段的产物，C^4 指的是 Command（指挥）、Control（控制）、Communications（通信）、Computers（计算机），ISR 分别指的是 Intelligence（情报）、Surveillance（监视）和 Reconnaissance（侦察）。数据链是 C^4ISR 系统的组成部分，在各传感器、指挥所和作战单元之间建立起无缝连接，使所有的作战单元形成统一的作战体系，使作战方式从单打独斗升级为体系对抗。美军 Link-16 数据链的通道是联合战术信息分发系统（joint tactical information distribution system，JTIDS），该系统于 20 世纪 80 年代投入使用。20 世纪 90 年代，美国和北约的 7 个国家一起开发了新一代的多功能信息分发系统（multifunctional information distribution system，MIDS），现在北约战斗机上大量装备 MIDS，MIDS 与 JTIDS 在功能和性能上基本没有差别，但 MIDS 属于北约国家共同的系统，其设备不仅符合美国标准，也符合欧盟标准。

JTIDS和MIDS的基础是数字式微波通信网络,网络结构为时分多址,网络成员基于一个统一的时间基准,共用一个微波通信网络,能迅速收集来自战场的各种情报信息,实时指挥三军协同作战,以充分发挥最大的总体作战效能。数据链传来的信息被汇总到一体化平台上,在平台上能迅速形成敌我态势图。敌我态势图包括己方参战平台的位置和运动矢量,以及敌方或属性不明方平台的位置和运动矢量。己方平台是合作目标,其位置和运动矢量可由平台上携带的卫星导航设备或其他导航设备给出。对于非合作目标,则只能依靠雷达等传感器产生,例如机载雷达或舰载雷达只能探测到目标对于雷达基座的距离、方位和仰角,而这些雷达是装在实时位置、航向角、俯仰角和横滚角都在不停变化的平台上,各平台除了把自身导航设备产生的位置等信息通过数据链播发出去,还将平台探测器探测到的己方平台位置播发出去。JTIDS和MIDS是一种集成的通信、导航和识别系统。其中,通信功能包括播发己方成员的位置信息、对敌方的跟踪信息、危险报警、引导信息分发和数字话音通信,具备相对导航、绝对导航和模拟塔康导航等功能。JTIDS和MIDS中的平台可相互交换各自位置信息,并具有内在识别功能。目前所有JTIDS和MIDS终端均与GPS设备组合,在GPS未受干扰时采用卫星导航系统的高精度时间、位置信息,在卫星导航系统不能工作时,采用其相对导航功能。

高技术战争已经不是单件武器之间的对抗,而是将信息融为一体的体系之间的对抗,将作战体系与C^4ISR系统融为一体,使得信息融合至各个作战单元、各个作战层次,即信息火力一体。依靠一体化信息网络,空中作战指挥机关能够实时获取目标数据,并对各种火力打击平台实施准实时的指挥与控制,基本实现了发现即摧毁。美国空军近年来发展的"舒特"(Suter)系统,集情报侦察、指挥控制、信息网络战和火力战等为一体,形成了基于信息网络的一体化作战体系。美军在1999年科索沃战争中,从发现目标到决策打击需要1小时,在2001年发起的阿富汗战争中缩短至10分钟,在2003年伊拉克战争中则仅需要几分钟。

在现代战争中,美军导航设备广泛应用于指挥自动化系统,与现代信息通信网络、侦察监视等技术综合运用,从而实现了对各种作战的指挥与协同,美国陆军的21世纪部队旅及旅以下作战指挥系统(Force XXI Battle Command Brigade and Below,FBCB2)就是GPS导航设备在指挥控制领域综合运用的成果。FBCB2通过GPS确定自己和友方部队的位置,用L频段卫星通信设备不间断地传送数据,为各个武器、战术车辆和战术作战中心提供准实时的作战指挥信息和态势感知信息,使战场上的官兵能够以三维方式实时观察战场的地形和态势。在2003年伊拉克战争中,FBCB2首次投入实战,当时美军所有陆军和海军陆战队、英国陆军连级单位以及一些直升机都装备了该系统,其为作战部队提供了其他任何系统难以比拟的战场态势感知能力,对作战指挥起到了非常积极的作用。

北斗卫星导航系统具有RDSS和RNSS两种工作模式。在训练和作战过程中,可以按作战要求来进行合理分配和部署,形成一个上下互联、横向互通的"北斗指控网",实现指挥机关对所属作战单元的实时监控和指挥,为组织部队精确机动、精确打击、精确协同、精确保障创造条件,充分发挥卫星导航在作战指挥控制中的重要作用。指挥型用户机可供指挥机关进行作战指挥,除具有其他类型用户机的定位、简短数字报文通信和授时功能外,还有一个重要功能,即在不增加系统信息传输量的情况下,能与所辖用户机同时收到中心控制系统传给所辖用户机的信息,为指挥机关对部队实施指挥提供了非常便利的条件。以指挥型用户机为基础,配备计算机、地图数据库、大屏幕监控显示设备、信息输入输出设备和大容量存储器等设备,各级指挥机关可以建立作战指挥管理系统。利用该系统,指挥机关可以收集、存储、处理和显示所辖用户机的位置和报文信息，实时掌握所属部队及重要武器装备的行动时间、路线、具体位置等情况，以便及时调整部署，实时指挥作战。

基于北斗卫星导航系统的作战指挥平台可以实现作战单元位置确定、作战标图与计算、战场态势实时监控、高精度统一时空基准、报文收发与管理、载体及武器平台轨迹跟踪与重播、危险情况自动报警、战场搜索与救援、多信源信息采集与情报整合、情报成果共享与查询、火炮射击诸元自动传输、多目标数据实时接收和分发处理等功能。近年来，我军已初步构建了北斗应用服务保障体系，实现了态势监控、控制指挥、作战保障能力的综合集成。某部队在陌生地区开展了基于北斗卫星导航系统的作战应用演练，通过综合运用北斗导航定位、统一时空基准、实时位置报告、远程信息传输、战场态势共享等功能，实现了部队的科学决策和高效指挥，各作战单元高效协同，准确抵达预定地域展开训练，为全军部队广泛应用北斗卫星导航系统提供了模式和技术借鉴。北斗卫星导航系统在联合作战中的应用示意如图 3.1 所示。

图 3.1　北斗卫星导航系统在联合作战中的应用示意

3.1.2　精确制导武器精准打击

卫星导航在导弹制导中的应用有以下优点：一是大大降低了耗弹量，提高了导弹武器效费比，导弹命中精度提高 1 倍，相当于弹头当量提高 8 倍，对目标的定位精度从 15 m 提高到 5 m，耗弹量减少 2/3 以上；二是拓展了导弹可打击目标的种类，由于命中精度显著提高，常规导弹可打击目标的种类由大型面状目标扩大到小型点状目标；三是改变了我国常规导弹采用卫星组合制导方式受制于人的局面，大大提高了导弹武器作战的可靠性。摧毁一个 30 m×18 m 的目标，若在上世纪三四十年代第二次世界大战时期，需要出动 1 500 架次飞机，投掷 9 000 多枚炸弹，在上世纪六七十年代越南战争时期，需要出动 170 架次飞机，投掷 300 多枚炸弹，而在 1991 年海湾战争中，仅需出动一架飞机，投掷 1～2 枚制导炸弹。

美国将 GPS/INS 用于武器制导的研制和试验是随着 GPS 的发展而进行的。1986 年美国军方与波音公司签订合同，把原先用地形辅助系统制导的空射巡航导弹（ALCM）改为由 GPS/INS 制导，并更名为常规空射巡航导弹（CALCM），这种导弹从海湾战争开始一直都在使用。美国 B-2 隐形战略轰炸机的航程可达 18 530 km（经一次空中加油），从美国本土起飞可到达世界任一个地方参战，具备全球打击能力，有效载弹量可达 22.68 t，即可携带 16 颗 B83 核炸弹或 B61 核炸弹，也可携带联合直接攻击制导炸弹等，采用了 GPS 辅助瞄准系统，具有一次瞄准16个分散目标的能力。嵌入式GPS复合制导是美军卫星导航应用的重要方向，为发展嵌入式GPS/INS系统(EGI)，美军在俄亥俄州的莱特-帕特森空军基地(Wright-Patterson Air Force Base)专门成立了三军EGI办公室，研制的机载嵌入式GPS/INS系统能够准确输出飞机线性速度和角速度、位置、姿态、高度、航向等信息，能够提高制导武器的命中精度。

目前，各种海陆空作战平台、弹道导弹、巡航导弹、炸弹甚至炮弹，均已开始装备卫星导航系统或卫星和惯性组合导航系统，这将使武器命中精度大大提高，极大地改变未来作战方式。北斗卫星导航系统拓展了空军作战应用范围和领域，开创了“透视飞行、可视指挥”的新模式，提高了空域态势监控、武器平台导航制导和智能化领航能力。武器的毁伤力是命中精度的3/2次幂，是爆炸当量的约1/2次幂，因此，武器命中精度提高1倍等效于弹药当量增加到8倍。精确制导武器可以使作战人员风险下降，弹药消耗成本降低，后勤支持负担减轻，自身毁伤减少。各国导弹武器储备和部署力量有限，打击精度的高低不仅是节约经费的问题，而且直接决定了能否完成对敌方重要军事目标和重点设施的全面打击任务。

3.1.3 导弹发射阵地大地测量保障

导弹发射阵地大地测量是指为获取导弹发射所需的初始定位、定向参数以及惯性仪表测试所需的大地参数。在覆盖导弹发射阵地的一定区域内，顾及地球形状、重力场等因素的影响而进行的各种测量工作，是弹道导弹发射测绘保障的重要战场建设内容。一是在导弹阵地一定范围的地面上，建立规格完整并满足精度要求的阵地基础大地控制网，这是弹道导弹发射阵地控制测量的首要任务，即布设足够密度和精度的大地控制点，精确测定阵地发射点的位置，在阵地上建立基准方位角；二是建立高程异常、垂线偏差分量和重力异常拟合模型，为导弹发射阵地快速联测实时提供所需的重力场参数。

不同型号的导弹武器对大地测量参数的要求有所差异，一般地说，导弹射程越远和打击精度要求越高，需要的大地参数越多，要求的测量精度也越高。导弹发射阵地大地测量保障需要提供的主要测量参数包括：正常椭球体的4个基本参数、发射点的位置参数、发射阵地的基准方位角、发射点的垂线偏差和高程异常、发射点的重力加速度以及发射阵地重力场资料和地球重力场模型。利用卫星导航系统能够进行导弹发射阵地基础大地控制网布设、发射点的位置测定、方位角测定、垂线偏差测定、高程异常测定等工作，下面仅对前两部分进行简要介绍。

1. 导弹发射阵地基础大地控制网布设

导弹发射阵地基础大地控制网是指为导弹发射阵地联测而在导弹作战区内布设的专用大地控制网。20世纪70年代以前我国导弹发射阵地基础大地控制网大都按三角网的形式布设，20世纪70～90年代主要是导线网的形式，20世纪90年代以后由于卫星导航系统在测量上具备定位精度高、观测时间短等优点，可以大大提高作业效率、节省作业时间、提升成果质量，因此利用卫星测量手段构建控制网逐渐成为导弹发射阵地基础大地控制网建设的重要形式。

值得一提的是，阵地基础大地控制网建设作为战场建设的重要组成部分，一般在平时作为基础建设工作完成，因此我国一段时间内长期利用GPS测量型接收机进行导弹发射阵地基础大地控制网布设，由于处理的是载波相位观测数据，因此测量成果是可靠、可信的。目前能够接收北斗卫星导航系统、GPS、GLONASS、Galileo多系统信号的测量型接收机不断投入市场，军队配备的测量型接收机一般都具备多系统数据处理能力。

卫星定位测量方法已成为构建国家或区域控制网的主要手段,我国曾分别建设了全国 GPS 一、二级网和国家 GPS A、B 级网,具体测量工作可依据国家、军队、行业的测量规范以及对控制网的精度要求进行技术设计。

2. 发射点位置测定

发射点地心坐标是弹道导弹计算的起算依据,在描述导弹质心运动的弹道方程组中很多项都是发射点地心坐标的函数,而卫星导航系统具备的全球快速定位性能能够满足导弹发射对发射点位置的快速测定需求,可直接测量得到三维地心坐标,且不需要依托外部已知条件,相较传统导线测量推求发射点位置的方法,能够大大降低工作量。

发射点位置误差对导弹命中精度的影响通常可分为水平位置误差影响和垂直误差影响两部分,不同型号的导弹由于采用的制导方式和选用的弹道不同,发射点位置误差对导弹命中精度的影响也不完全相同。一般来讲,发射点水平位置误差引起的导弹命中偏差与发射点水平位置误差本身的量级相同。发射点垂直误差会使导弹的弹道被机械地抬高或降低,其引起的导弹落点偏差不仅与导弹制导方式和所选弹道密切相关,而且与发射点纬度、发射点至目标点的大地距离和大地方位角密切相关。

3.1.4 快速搜索与紧急救援

基于北斗卫星导航系统的现代国防装备和人员可以实现陆上、空中和海上的快速搜索与紧急救援。几十年来,为迫降到地面的机组人员配备快速有效的救援设备一直是军队的一个难题。美军飞行员普遍使用一种救生无线电装置(如 AN/PRC-112G、HOOK2、HOOK3 等),在飞机被击落时,能够利用其进行定位并发出带有位置信息的紧急呼救信号,为营救人员指引方向。目前美军广泛应用的是作战幸存者藏身定位系统,该系统主要用于识别、精确定位和双向救援通信,帮助救援队搜寻幸存者,其将 GPS 模块集成到低截获、低探测概率的超视距和直接通信装置中,幸存者可以通过简单的操作发送位置和身份识别数据,并在 8 s 内收到基站发出的确认信号,从而大大提高搜索与救援能力,减少人员损耗。

美军曾开发了后勤卫星通信系统,该系统由嵌入式 GPS 定位模块、移动式卫星天线和便携式计算机组成,单兵使用该系统可在世界任何地方快速建立卫星通信网络,以及进入非密互联网,增强美军后勤部队的通信联络能力,传送所处位置的卫星定位结果,便于及时申领和配送物资,及时交流后勤信息和人员状况,申请战斗机作战支援或救援直升机战场救援,降低战场人员伤亡率。美军曾使用战斗医疗协调系统,使用射频识别(radio frequency identification, RFID)技术和卫星导航定位技术,能够帮助战地急救人员查找伤员位置,处置并运送伤员,加快救治速度,并实现医疗救护的可视化。通过卫星导航定位技术确定伤员位置后,战地急救人员将伤员的位置发送给战斗医疗协调指挥中心,根据伤情对多个伤员的运输进行协调,为挽救伤员生命赢得宝贵的时间。

北斗卫星导航系统的位置报告和短报文通信功能,以及基于北斗卫星导航系统的应急救援保障体系,在战时可为战场提供及时救援和精准保障,平时可用于保障部队参与抗震救灾中的生命救援等。救援系统可由地面应急救援指挥中心、移动应急救援指挥分中心和应急救援终端三部分组成,融合通信卫星或其他辅助通信设备后,可实现语音、图像、数据、位置信息的双向传输及系统的统一指挥调度,保证应急救援工作及时开展,确保自上而下指挥调度网络的畅通,提高战场应急指挥调度能力。基于北斗卫星导航系统的中国海上搜救信息系统通过在救助船舶上建设舰载基站，将公众手机信号延伸到沿岸基站无法覆盖到的救助船舶周围区域。

空中兵力投送是输送兵员最快的手段，大约是陆上兵力输送速度的10倍，海上兵力输送速度的20倍，而且空中兵力投送一般不受地面障碍区的限制，根据卫星导航系统的指引可以最便捷地到达需要的地方。现代大型运输机航程已达数千千米，经空中加油可实施全球投送。我军在几场重大地震灾害中，曾利用空军力量快速投送救灾物资和救灾人员。近年来，运-20已成为中国空军负责远程运输的主力。得益于北斗卫星导航系统的全球导航能力支撑，运-20先后多次踏出国门执行救灾、演习和参加展览等多项任务，航迹遍布亚欧大陆和大洋洲。

3.1.5　现代军事后勤保障

随着世界军事技术的不断发展，现代战争对军事后勤保障的依赖性越来越强，后勤保障效率的高低直接影响着战争的进程与结果。现代军事后勤保障是一套集指挥、通信、导航和调度为一体的自动化网络，一体化作战客观上要求一体化后勤保障。联勤主要是为提高保障效益而在多个军种之间组织的联合勤务，联勤的发展方向是一体化。战场态势瞬息万变，物资投送往往要在隐蔽、静默等环境中悄悄进行，没有相互位置的沟通，有时会出现后勤补给人员按指令到达预定地点后发现作战人员已经撤离的情况，还有后勤保障部队在作战区域内与作战人员擦肩而过但没发现对方，甚至后勤保障部队穿插到了前线而不自知的情况。卫星导航系统可以在军事后勤保障领域发挥广泛而积极的作用，对现代后勤保障方式和效率产生积极影响。卫星导航系统的全面应用可实现后勤与作战的协同，以及海量物资的立体化精确部署；能够为所有后勤节点提供准确的实时位置信息，使指挥部可以掌握各节点的实时分布，从而进行调度与指挥；指挥后勤节点按照指挥部意图动态移动，以适应战争进程的需要。

具有全天时、全天候、全频域特点的信息化战争对后勤指挥控制提出了前所未有的高要求，为适应这种形式，各国军队的后勤指挥控制系统集成了包括卫星导航定位技术在内的大量军事技术。通过构建适应我军情况的综合保障系统，一线作战人员与后勤补给人员能够相互了解对方所在的位置，给养运输车辆能在沙漠中发现作战人员并为其提供补给，空中加油机与需要加油的作战飞机能够更快地相互找到对方，实现后勤保障部队与前方部队的快速、直接对接；利用卫星导航功能，选择正确、便捷的运输路线，实现增援部队、装备、物资的快速递送，实现军事物资的快速保障。

军用车辆肩负着作战保障和后勤保障的双重职能，主要担负部队输送、物资运输和工程作业等任务，在执行任务过程中存在数量多、分布散、执行区域多样化等情况。针对军用车辆的职能和任务，为保障军用车辆的安全运行和实时动态管理，可以基于北斗卫星导航系统的导航、定位、短报文通信和精确授时等功能，构建车辆动态监管平台，实现车辆运行状态监控、指令通信等功能。例如，我军构建了基于北斗卫星导航系统的“车辆动态监控管理综合系统”，实现了对下属各类车辆的动态监控指挥。该系统被青藏、川藏线的运输车队使用后，大大改善了青藏高原特殊地理环境下的车辆动态导航和通信联络状况。

物资补给是后勤保障的重要内容。现代战争要求部队在准确时间调动到准确的位置，有时行程长达上万千米，需要在作战过程中的各类陌生、复杂环境中完成机动。后勤保障的主要目标就是完成作战保障的弹药、油料、医疗用品和给养等各类物资补给，补得上、补得快、补得准，这也一直是各国军队后勤补给人员追求的目标。在这些活动中，卫星导航系统提供准确的位置和时间信息能够极大地提高信息化条件下后勤保障的效率。

在作战过程中常常需要空投装备、物资及人员，空投准确度十分重要。传统的空投方式是采用普通降落伞来投放物资，空投准确度受飞机高度及空投时的风向和风速等影响。高度低于600 m的低空投放落点相对准确，但飞机和机组人员已被敌人火力覆盖，而高空投放落点准确度较低。载有接收机的下投式探空仪测出的大气压力、温度与湿度，连同卫星定位测量得到的位置、速度等实时数据，每5 s一次发送到实施空投的飞机，帮助运输机计算出正确的投放时机和位置，可以使空投准确度提高50%。2004年美国开展了“夏尔巴”(Sherpa)智能空投系统试验，采用便于操纵方向的长方形翼伞，将降落区的坐标、飞行高度、飞行速度、物资质量及各种高度的风速均编入控制程序以制定飞行计划，甚至可设置绕过障碍物或敌方控制区，飞行过程中利用GPS提供的实时信息进行飞行修正，通过马达牵引两根操纵线以改变降落伞飞行方向，从3 200 m高空自主控制降落，落点精度为61 m。2006年美国“联合精确空投系统”(JPADS)首次投入使用，当时能搭载908 kg的物资，最大空投高度为5 182 m，物资上安装的GPS制导装置操纵小降落伞将物资带到目的地上方，然后将物资精确地投放到指定位置。采用卫星导航系统制导的空投方式具备以下优点：

(1)飞行员只需飞近空投区域投下物资便可离开，其余的工作由降落伞自主完成，这大大提高了飞行员及飞机的安全性。

(2)能够在相对较高的区域进行物资投放，仍能保证空投精度，而且减弱了风速对空投精度的影响，可以使飞机远离地面火力攻击。

(3)落点准确，地面士兵能够快速找到投放物资。

(4)可以不受白天、黑夜和能见度限制，在最需要的时间和情况下实现补给，甚至可以在敌方觉察之前顺利完成补给任务，为作战人员的持续作战并取得最终胜利提供保证。

3.2　公共安全领域应用

3.2.1　北斗移动警务终端

北斗卫星导航系统在公安系统的示范项目从2014年开始实施。各地公安机关持续推进北斗卫星导航系统的应用工作，通过部署北斗卫星导航系统进入公安系统，建设北斗定位、短报文通信及授时服务系统，初步建成了全国位置一张图、位置一张网和时间一条线的北斗公安应用体系，形成了纵向扁平化指挥调度和横向跨区域跨警种联动的综合位置应用。同时也通过应用短报文通信和定位功能，实现了部省两级公安信息专网的时间同步。北斗卫星导航技术在人员监控、边境管控、安全保卫等方面发挥了重大作用。

终端产品包括北斗警用RNSS/RDSS手持终端、北斗警用RNSS/RDSS车载终端、北斗手持移动警务终端、北斗RDSS警用指挥机、北斗警用授时服务器等。我国已构建了部、省、市(县)三级北斗公安应用体系框架，发布《北斗卫星导航系统公安建设与应用技术白皮书》《北斗卫星导航系统公安建设与应用指导意见》等政策文件，批准发布警用卫星导航终端定位技术要求、通信协议及数据格式等行业标准。

为实现公安系统北斗应用的体系化，公安部统一组织研发了警用综合执法北斗应用平台，该平台包含三个体系，分别是北斗警用位置服务系统、北斗警用短报文服务系统以及北斗警用授时服务系统，建成了部省市三级的北斗应用体系。通过北斗警用位置服务系统实现了警用资源与位置对象的统一接入、分发与位置共享服务，实现全国位置一张图的应用目标；北斗警用短报文服务系统弥补了公安系统专网与公网的通信区分问题；北斗警用授时服务系统为全国公安信息网提供统一授时与监管服务，正在逐步向视频网等其他应用拓展。

在2019年武汉第七届世界军人运动会上，北斗卫星导航系统也发挥了重要作用。围绕安保工作中易出现的区域性盲点问题，现场快速搭建以北斗精准时空为核心的安保指挥体系，部署移动式快速布防系统，通过“北斗＋智能警务穿戴终端”融合技术，接收并处理北斗地基增强系统的基准站信息，实现北斗精准时空信息与穿戴终端采集的各类安保信息的数据融合，通过卫星专网实现位置数据、状态数据、保障数据回传，提供导航、应急指挥、位置跟踪和轨迹监控等服务，提升数据分析的维度和精度，为安防安保指挥决策提供重要依据。在开幕式现场及足球、射箭、跳伞等多个场馆（地）成功搭建了移动式快速布防系统，提供了高精度、多维度的安保服务。

北斗卫星导航系统在公共安全领域发挥了积极的作用，具体如下：

(1)提升了公安机关的指挥效率。通过北斗可视化指挥调动系统和装备应用，实时显示警员的位置及状态；通过在地图上进行快速的临时编组，大大缩短了出警时间，解决了以往110接警后“盲人式”指挥问题；另外通过一键到位等功能，指挥部检查时间大大缩短，解决了执行处置群体事件等大型任务时上岗检查慢的难题。

(2)提高了公安民警的执法水平。通过警务通、执法记录仪等装备，实时上传民警的地理信息，并通过与其他执法信息联网应用，形成了一体化执法管理体系，从而有效提高了民警的执法水平。例如，在核查核录工作中，北斗卫星导航系统极大提高了地理信息采集的实时性与准确性，以及地址地名的标准性，实现了对流动人员全时段、全方位的立体式管控。

(3)提高了公安执法的精准度。北斗授时服务在公安信息网、视频网的部署与应用，为基础信息采集、情报分析和视频侦查等公安执法工作提供了有效的时空基准。通过在全国各省级公安机关部署北斗警用授时服务器，实现了对超过11万台公安网设备时频统一的服务与监管，提高了公安执法的精准度。

(4)提升了应急通信保障能力。通过部署北斗通信终端，对现有公安通信体系进行了有效补充，实现了应急通信保障，特别是在打击暴恐、抢险救援等任务中，发挥了重大作用。

3.2.2 国庆阅兵训练

基于北斗卫星导航系统的北斗阅兵训练考核辅助系统在2019年国庆阅兵过程中发挥了重要作用，该系统可保障32个方队整体车速控制在10 km/h，骑线偏差为厘米级。

北斗卫星导航系统精准助力阅兵训练，使训练高质高效。相较以往，此次阅兵规模更大、要素更多、训练更严格，而传统人工掐表、手动拍摄等考训模式已无法满足高精度、高效率、大范围的需求。北斗阅兵训练考核辅助系统依托北斗高精度定位技术，能实时向终端发送车辆定位信息以及北斗授时信息，在车载端屏幕上显示车辆骑线、卡距、标齐、速度偏差，帮助驾驶员及时调整驾驶行为；并能以曲线图形式清晰显示训练全过程，方便教练员对驾驶员的驾驶行为习惯与心理素质进行双重分析指导；还能基于电子围栏数据、北斗阅兵态势监控系统、融合地理信息技术，在三维态势图中实现各方队训练全过程的精准定位与态势推演，为指挥部决策提供精准智能的辅助支持。配备该系统后，各方队训练效果显著提高，考核成绩呈阶梯状上升，真正实现了为参阅官兵训练“减压”，为指挥员实施组训“保障”，为决策层下达命令提供“依据”。

第四章　高精度测量领域应用

4.1　大地测量领域应用

经典大地测量学主要以高程测量、水准测量、天文测量和重力测量等为技术手段解决陆地区域性大地测量问题。由于方法本身的局限性，其测量精度和测量效率均受到限制。卫星大地测量彻底颠覆了传统测量方法，是目前大地测量最主要的测量手段。大地测量发展到现代大地测量的标志是卫星大地测量突破米级测量精度，从区域性相对大地测量发展到全球大地测量，从测量静态地球发展到可测量地球动力学效应。本节重点阐述卫星定位技术在国家控制网建立、地心坐标系建立与维持、大地水准面精化等方面的应用情况，以及北斗卫星导航系统在其中发挥的重要作用。

4.1.1　国家控制网的建立

国家测绘基准体系是国民经济建设、国防建设和社会发展的重要基础，在我国坐标系统、高程系统和重力系统的建立及各类地形图绘制、测绘成果服务等方面发挥了重要作用。我国测绘基准主要由大地基准、高程基准、重力基准等构成，它们是测绘成果的起算依据。

我国第一代测绘基准体系建设自 1951 年开始，到 1975 年结束，历时 25 年完成了主要由国家水平控制网、高程控制网和重力控制网构成的国家大地控制网的布测。其中，水平控制网采用三角锁网作为基本布设形式，遵循分级布网、逐级控制的布设原则。例如，我国第一代天文大地网约有 5 万个大地点、30 万个观测量，其中共布设一等三角锁 401 条，一等三角点 6 182 个，构成 121 个一等锁环，锁长 73 000 km，一等导线点 312 个，构成 10 个导线环，导线环总长约 10 000 km。高程控制网主要采用水准测量的方法布测，也采用分级布网、逐级控制的原则布测，其主要作用是将国家水准原点高程数据传算到全国各地，为测绘基本比例尺地形图和各种建设工程提供统一的、高精度的高程控制基础，为监测地面沉降、地壳形变和地震预报等提供依据，为地球科学研究提供高程数据。我国第一代高程控制网布测一等水准路线 50 000 km，二等水准路线 190 000 km，以及大量三、四等水准路线，其他有关业务部门还布测了相当数量的水准路线。我国先后建立了 1957 国家重力基准网、1985 和 2000 国家重力基准网，为开展全国范围内的相对重力测量提供了起算基准。重力控制网包括基本重力点、一等重力点和二等重力点三个等级。2003 年 12 月 3 日，我国启用 2000 国家重力基准网，该网由 21 个重力基准点、126 个基本重力点和 112 个基本重力点引点共计 259 个重力控制点组成，覆盖范围涵盖我国大陆及部分海域。全网实际精度为$\pm 10\times 10^{-8}\mathrm{ms}^{-2}$，其中重力基准点精度为$\pm 5\times 10^{-8}\mathrm{ms}^{-2}$。一等重力点以基本重力点为起始控制点，采取多测线逐点推进方法，联测若干待定点，最后闭合到另一基本重力点，构成闭合条件，一等重力网的点距为 300 km 左右。二等重力点是在国家重力基准网和一等重力网基础上的进一步扩展，主要目的是为加密重力测量提供有效的控制。

因测量仪器和技术手段的限制，我国1975年前布测的国家大地控制网主要采用经典大地测量方法，将水平控制网和高程控制网分开布设。这种方式不但工作量大，而且不能同时测得控制点的三维坐标，无法满足现代大地测量和科学研究的需要。随着空间技术的发展，直接布设三维大地控制网（又称空间大地控制网）有了新的技术手段。我国在20世纪60年代中期，开始卫星大地测量技术试验，以精确测定地球椭球和重力场参数，建立地心坐标系。20世纪70年代后，开始卫星多普勒定位技术、干涉测量技术试验，以发展大地测量新技术。改革开放以来，传统测绘基准体系不断升级改造，20世纪80年代建立了1980西安坐标系、1985国家高程基准、1985国家重力基准网，形成了我国第二代测绘基准体系。21世纪初，我国完成了空间大地控制网与国家天文大地网的联合平差，建立了2000国家大地坐标系，以更好地适应空间技术发展和地球科学研究对高精度大地基准的需要。目前，卫星定位技术以精度高、速度快、费用省、操作简便等优点被广泛应用于大地控制测量中，已基本取代采用常规测角、测距手段建立大地控制网的方法，成为建立中国现代大地测量和国家基础测绘基本框架的主要手段，在国防建设、经济建设和地球科学研究等诸多方面发挥着越来越重要的作用。

4.1.2 地心坐标系的建立与维持

1. 地心坐标系

地心坐标系是以地球质心为原点建立的空间直角坐标系，或以地球椭球的球心与地球质心重合的地球椭球面为基准面所建立的大地坐标系。地心坐标的概念最早在物理大地测量中提出，该方法是利用重力相关资料建立地心坐标系，但需要全球均匀分布的重力点，在广阔的海洋上重力资料严重不足，即使在大陆也有很多地区（如两极和某些交通不便的地区）未施测重力。目前研究表明，单纯用重力方法建立的地心坐标系，精度最高也只能达到±10 cm。

自20世纪80年代以来，空间大地测量技术迅猛发展，特别是卫星导航技术的快速发展和成熟，使得建立和维持全球或区域地心坐标系成为现实。近几十年来，一些国家和国际组织先后建立了不同的地心大地坐标参考系统。到目前为止，精度最高、使用最广泛的当属国际地球自转和参考系统服务建立的国际地球参考框架（international terrestrial reference frame，ITRF）。

地心坐标框架是地心坐标系的具体实现，它以甚长基线干涉测量（very long baseline interferometry，VLBI）、卫星激光测距（satellite laser ranging，SLR）、激光测月（lunar laser ranging，LLR）、卫星定位、星基多普勒轨道和无线电定位（Doppler orbitograph and radio positioning integrated by satellite，DORIS）等空间大地测量技术，构成全球或区域的大地测量坐标框架，也称为大地测量控制网，经数据处理，得到这些控制网点的坐标和速度等信息。下面以我国的2000国家大地坐标系为例，阐述卫星导航系统在坐标系建立与维持中的应用。

2. 2000国家大地坐标系

2000国家大地坐标系（China Geodetic Coordinate System 2000，CGCS2000）是一个协议地球参考系，其坐标系原点为包括海洋和大气的整个地球的质量中心，尺度为在引力相对论意义下局部地球框架的尺度，定向的初始值采用国际时间局1984.0的定向，定向的时间演化保证相对于地壳不产生残余旋转的全球旋转。坐标系的 X 轴由原点指向格林尼治参考子午线与地球赤道面的交点，Z 轴的原点指向历元2000.0的地球参考极方向，该历元的指向由国际时间局给定的历元1984.0的初始指向推算，Y 轴与 Z 轴、X 轴构成右手正交坐标系。参考椭球定义为 CGCS2000 椭球，4 个基本参数如表 4.1 所示。根据这 4 个基本参数，可以推算出椭球的其他几何和物理参数。

表 4.1　CGCS2000 椭球参数

参数名称	参数值
长半轴	$a = 6\ 378\ 137$ m
扁率	$f = 1/298.257\ 222\ 101$
地心引力常数(含大气层)	$GM = 3.986\ 004\ 418 \times 10^{14}\ m^3/s^2$
地球自转角速度	$\omega = 7.292\ 115 \times 10^{-5}$ rad/s

2000 国家大地坐标系框架是在 2003 年完成的 2000 国家 GPS 大地控制网平差基础上建立起来的，框架的最高层次为 2000 国家大地坐标系卫星导航定位连续运行基准站网，我国维持 2000 国家大地坐标系主要依靠卫星导航定位连续运行基准站网。该框架由我国原总参测绘局布设的 GPS 一、二级网，原国家测绘地理信息局布设的 GPS A、B 级网，以及中国地震局等单位建立的 GPS 地壳运动监测网和中国地壳运动观测网络组成，共约 2 600 个点。

2000 国家大地坐标系是我国新一代地心坐标系，受我国当时卫星轨道误差的影响和 GPS 网观测条件及观测仪器的限制，所建立的 2000 国家大地坐标系框架存在以下问题：

(1)2000 国家大地坐标系框架虽然满足国民经济建设和国防建设急需，但该框架密度不够，尤其是西部地区，不仅控制点少，而且观测精度也相对较差，很难满足西部地区国民经济建设和开发的需要。

(2)2000 国家大地坐标系框架广度不够，海洋和岛礁几乎没有控制点，很难满足航海安全、海洋开发和国防建设的需要。

(3)2000 国家大地坐标系框架总体精度仍然偏低，尚不能提供点位的三维变化信息，不能满足减灾防灾和地球动力学研究的需要。

(4)点位归算十分困难。我国 2000 国家大地坐标系框架采用的是 ITRF97 框架和历元 2000.0，这给目前广泛采用的导航卫星精确定位(当前 ITRF 框架和当前历元)带来不便。若要进行转换，必须有高分辨率的速度场资料，以便实施已知点从历元 2000.0 至当前历元的点位归算。

我国国家及地方都在建设卫星导航定位连续运行基准站网，后续的 2000 国家大地坐标系框架，将随着卫星导航定位连续运行基准站分布密度的加大、观测手段的提高和基准站坐标精度的提高逐渐更新和完善。北斗卫星导航系统提供的观测数据也是卫星导航定位连续运行基准站的重要数据来源，随着系统的不断建设和完善，其在地心坐标系的建设及维持中将发挥重要作用。

4.1.3　大地水准面的精化

大地水准面或似大地水准面是获取地理空间信息的高程基准面，过去某个国家或地区的局部高程基准面通常是根据该国家或地区多年的验潮站资料确定的当地平均海平面，与真正意义上的大地水准面是不同的。传统的水准测量参考基准只是区域性大地水准面上一个特定的点，由精密水准测量方法建立的国家或区域性高程控制网是水准测量测定高程的参考框架。卫星导航定位技术结合高精度、高分辨率大地水准面模型，可以取代传统的水准测量方法测定正高或正常高，实现三维定位功能，使得平面控制网和高程控制网分离的传统大地测量模式成为历史。

1. 卫星定位高程测量原理

常用的高程测量方法有三种，即水准测量(几何水准测量)、三角高程测量和卫星定位高程测量。卫星定位高程测量方法是目前高程测量最常用的一种方法，它通过联测区域内一定数量的高级水准点，采用一定的数值拟合方法求出测区的似大地水准面，计算出位置点的高程异常，从而求出这些位置点的正常高。

卫星定位高程测量经过应用实践，测量方法和测量精度不断提高，被广泛应用于E级GPS网的平面高程控制测量。与传统的水准测量相比较，其最大的特点是扩大了测站距离，在5～10 km的距离上，测量精度能达到三等水准测量精度水平，对于大范围的测量，测量精度能达到二等水准测量精度水平。传统的水准测量技术在地面折射的影响下，很容易增加测量误差，而卫星定位高程测量能有效避免这种现象的发生。卫星定位高程测量具有全天候、全自动、测量速度快、测量精度高等特点。

对于卫星定位观测数据，需要经过特殊的处理，才能得出准确的测量结果。一般情况下，卫星定位测量得到的结果是空间直角坐标，但在实际工作中，经常以正高作为高程基准。因此，卫星定位观测数据的处理就是将空间直角坐标转换为平面坐标及高程。在测量工作中，为了得到某点的正高，不仅需要得出这个点的大地高 H，还需要得出这个点的大地水准面差距 N，由于实际测量过程中，不能准确得出正高 H_g，但在测量过程中采用的高程系统是正常高系统，因此，需要得出这个点的大地高和高程异常，这样才能准确得出这个点的正常高(图4.1)。

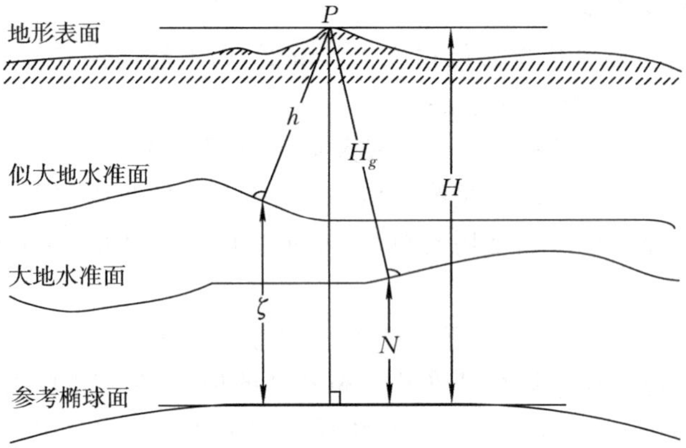

图4.1 大地高、正高、正常高相互关系示意

大地高与正高之间的关系为

$$H = H_g + N \tag{4.1}$$

式中，H_g 是正高；N 是大地水准面至参考椭球面的距离，称为大地水准面差距。

大地高与正常高之间的关系为

$$H = h + \zeta \tag{4.2}$$

式中，h 是正常高；ζ 是似大地水准面至参考椭球面的距离，称为高程异常。

由卫星导航系统测定的大地高转换为正常高的关键是求取大地高 H 与正常高 h 之差，即高程异常 ζ。计算大地水准面差距和高程异常的方法主要是重力测量法，但在一般的工程测量工作中是难以实现的，因此需要采取其他的方法。为了求出区域内各点的高程异常，可用水准测量的方法联测若干卫星定位公共点，根据卫星定位测定的大地高即可求出公共点的高程异常，再利用公共点的高程异常和平面坐标，采用数值拟合的方法，拟合出该区域的似大地水准面，即可求出区域内各点的高程异常值，并由式(4.2)计算出各点的正常高。过去通常称利用卫星定位测量和水准测量成果确定似大地水准面的方法为GNSS水准测量，目前常称为卫星定位高程测量或卫星定位拟合高程测量。

曲面拟合法是将高程异常近似地看作一定范围内各点坐标的曲面函数，用已联测水准的卫星定位测量点的高程异常来拟合这一函数，在求得函数的拟合常数后，就可利用这一函数来计算其他卫星定位测量点的高程异常和正常高。常用的拟合函数为二次曲面函数，其模型为

$$\zeta_k = a_0 + a_1 X_k + a_2 Y_k + a_3 X_k^2 + a_4 Y_k^2 + a_5 X_k Y_k - \varepsilon_k \tag{4.3}$$

在采用二次曲面函数拟合时，一般应用6个以上的水准联测点，但当测区的水准联测点少于6个时，可采用平面函数拟合，这时的拟合模型为

$$\zeta_k = a_0 + a_1 X_k + a_2 X_Y - \varepsilon_k \tag{4.4}$$

在实际工作中，应根据测区地理条件、范围等因素选择合理的拟合函数，以使测点的拟合精度最高。

2. 提高卫星定位高程测量精度的措施

从理论研究和实践经验可知，提高卫星定位高程测量精度应注意以下几个方面。

1)提高大地高测定的精度

大地高测定的精度是影响卫星定位高程测量精度的主要因素之一。因此，要提高卫星定位高程测量的精度，必须有效地提高大地高测定的精度，其措施主要有：

(1)提高局部卫星定位控制网基线解算的起算点坐标的精度。研究表明，当起算点坐标有10 m误差时，其他点的高程会产生10 mm的误差。因此，应尽量采用国家GPS A、B级网点为局部卫星定位控制网的起算点。

(2)改善卫星星历的精度。有关分析表明，用精密星历比用广播星历精度可提高34%。

(3)选用双频或多频接收机。

(4)观测时应选择最佳的卫星分布。

(5)减弱多路径误差和对流层延迟误差。

(6)边长大于10 km的卫星定位控制网点应实测气象参数。

2)提高联测几何水准的精度

采用四等几何水准联测的误差约占卫星定位高程测量总误差的30%。因此，尽量采用三等几何水准来联测卫星定位控制点。对有特殊应用的卫星定位控制网，用二等精密水准来联测，可以有效地提高卫星定位高程测量精度。

3)提高转换参数的精度

提高转换参数精度的方法是利用我国已有的甚长基线干涉测量站和卫星激光测距站的地心坐标转换参数，或利用国家A、B级卫星定位控制网点来推算转换参数。但这项误差在卫星定位高程测量中是次要的。

4)提高拟合计算的精度

提高拟合计算精度的办法有：

(1)根据测区似大地水准面变化情况，合理布设已知点，并选定足够的已知点。

(2)根据不同测区,选用合适的拟合模型。对高差大于100 m的测区,一般要加地形改正。

(3)对含有不同地形变化趋势的大测区,可采取分区计算的办法。

(4)计算时,坐标取到1 m或10 m,但高程异常应取到1 mm。根据计算结果,计算机绘出测区高程异常等值线图,以便分析测区高程异常变化情况,提高拟合计算精度。

从以上分析和国内外实践情况看,在局部控制网中,采用拟合法进行计算,卫星定位高程测量的内符合精度一般可达$2\times10^{-6}\cdot D$左右。对于测区面积不大的平坦地区,特别是测区内高程异常变化有规律的地区,在公共点分布均匀的情况下,多项式曲面拟合法能够得到比较理想的精度。只要用三等几何水准联测已知点,且点位分布合理,点数足够多,卫星定位高程测量可代替四等几何水准测量。在山区,只要施加地形改正也可得到四等几何水准的精度。

4.2 工程测量领域应用

工程测量主要包括工程建设勘测设计、施工、竣工和管理阶段所进行的各种测量工作。按其工作顺序和性质可分为:勘测设计阶段的工程控制测量和地形测量,施工阶段的施工测量和设备安装测量,竣工和管理阶段的竣工测量、变形观测及维修养护测量等。卫星定位测量技术,特别是RTK测量技术的应用极大提高了工程测量的效率,使过去难以完成的测量工作(如长期连续变形监测)成为可能。

4.2.1 道路测量

传统的工程控制测量采用三角网、导线网的方法来施测,这些方法不仅费工费时,要求点间通视,而且精度分布不均匀,外业中无法实时获得精度情况。随着国民经济的快速发展,国内高等级公路建设迎来前所未有的发展机遇,这对公路建设提出更高的要求。

1. 在公路工程前期的应用

公路勘察工作的勘察路线长、作业强度大,虽然早已采用电子全站仪等先进测绘仪器,但受通视和作业环境影响,效率并不高,大大延长了设计勘察周期。相对于传统测量方法,使用GNSS测量设备具有以下特点:①测站之间不需要通视;②定位精度高、定位速度快;③全天候作业;④观测效率高、操作简单,自动化程度较高,有效减少了人为误差。另外在公路选线工作中,GNSS测量设备还可对航空照片和卫星像片等遥感图像进行定位和地面校正。

2. 在公路工程质量控制方面的应用

施工是整个公路工程建设周期中最为重要的环节,直接影响公路产品的质量。软基处理、特大桥梁、隧道是公路施工的常规控制难点与重点。通过运用GNSS测量设备对平面控制网进行动态实时控制,能有力保证特大桥梁的施工质量。运用GNSS测量设备进行隧道施工高程控制,能有效降低山区隧道控制测量的成本。

当前北斗RTK测量精度已可以达到厘米级,足以满足公路施工过程中控制测量和地形测绘工作的要求。与传统方法相比较,北斗RTK测量技术在精度、经济、效率上都具有明显的优势。在高等级公路施工放样中完全可以利用卫星定位测量技术。在公路工程验收阶段,公路的几何指标也可利用卫星定位测量技术进行检测。

3. 在公路工程管理与监测中的应用

随着高等级公路建设需要的增长，公路工程管理工作更加需要先进的科学方法来面对复杂的环境因素，北斗卫星导航系统是集定位、授时、通信于一体的先进系统，其特有的有源与无源定位机制特别适合进行集团用户大范围监控。北斗卫星导航系统可用于公路工程建设中的交通调查预测，以及施工过程中工程车辆的实时监控与调度。即使在没有基础通信设备的条件下，北斗卫星导航系统独有的通信功能仍可传送位置与命令，在偏远及特殊环境特别有用。基于北斗卫星导航系统的公路安全监测系统，可以实时监控公路建设的安全情况，迅速识别公路工程安全事故，对事故源进行定位，并进行通信报告。基于北斗 RTK 测量技术进行路基沉降、特大桥梁变形观测、隧道的稳定性监测，将更加方便有效，进一步保障公路工程质量安全，防患于未然。

4. 与地理信息系统技术结合应用

地理信息系统技术已经在公路工程部分实现，逐步改变了经典公路工作者思维模式。建立基于地理信息系统的公路建设管理系统，配合地理信息系统，北斗卫星导航系统的通信功能将大有所为，第一手数据可以瞬时反馈到地理信息系统中，并提供给管理者进行快速决策。同时也可以利用地理信息系统的路径分析、模糊逻辑、空间分析等模块，配合北斗卫星导航系统的通信及定位功能，进行实时调度、任务指派等，从而实现公路建设管理工作的自动化、规范化。

北斗卫星导航系统在公路工程建设上拥有广阔的应用前景，在使用面与产业化上也已具备一定的基础。踏实推进北斗应用的产业化进程，满足公路工程建设日益增长的多样化需求，对卫星导航及公路建设事业可起到良好的促进作用。

4.2.2　建筑物变形监测

高层和超高层建筑及特大桥梁在开工建设及投入使用的过程中，会因为强风载荷、地面沉降及地震灾害作用而影响其使用寿命。对于高层建筑，特别是异形结构超高层建筑的安全性问题，国家制定了相应规范，从施工过程到建筑物使用、运营过程都应进行变形监测和建筑物健康评估。卫星定位技术作为一种高精度、全天候的空间定位技术，在变形监测中得到了越来越广泛的应用，与常规变形监测技术相比，突出的优势主要是测站间不需要通视，可以全天候观测，自动化程度高，并可获得高精度的三维定位结果。例如，2016 年通过北斗房屋安全监测系统对贵州省遵义市一栋楼房进行变形监测，发现出现了 7 mm 位移、10 mm 沉降，为了避免房屋垮塌、威胁居民安全，当地有关部门组织人员进行了撤离，把安全隐患消除在萌芽状态。

北斗高精度建筑安全监测系统能够采集多种传感器的数据，并进行综合预警，实现建筑安全监测自动化，系统中包含多传感器采集设备、以北斗为核心的卫星定位测量解算软件、传感器自动监测设备等。基于北斗高精度定位技术的建筑安全监测服务平台即建筑安全监测云服务平台，主要用于省市级的建筑安全数据分析及监控，包括云服务应用软件系统和云服务运维环境。其中，云服务应用软件系统包括数据处理系统、数据管理系统、安全监测信息服务系统、安全监测分析预警系统、大数据分析系统。

1. 建筑安全监测数据处理系统

建筑安全监测数据处理系统接收建筑物的监测数据，并对数据进行剔除、滤波分析、数据计算等，得到初步监测结果。系统可对以北斗监测终端为核心的多传感器观测数据进行数据融合解算。主要内容包括:处理北斗定位终端的卫星观测数据,得到静态定位坐标;处理结构温度分布数据,绘制温度分布图;处理风速、风向和结构表面风荷载数据,得到脉动风速、平均风速、风向和风压等数据;处理应力监测点的应力观测数据,得到结构应力分布及最大应力的大小和方向等。系统利用专线等多种传输方式将解算结果报送至上级中心。

2. 建筑安全监测数据管理系统

建筑安全监测数据管理系统将接收区域内所有监控建筑物的监测数据以及解算结果存入数据库,并进行容灾备份。系统为用户提供监测数据的查询、调用、维护等服务。

3. 建筑安全监测信息服务系统

建筑安全监测信息服务系统为用户提供安全监测信息服务,按照建筑物的属性、监测站序列号、时间等查询数据库中的相关监测信息。

4. 建筑安全监测分析预警系统

建筑安全监测分析预警系统对下级中心发送来的监测数据进行预处理,结果包括:基础沉降数据、结构竖向变形数据、结构平面变形数据、应力监测数据、卫星定位数据、环境监测数据。对预处理结果进行系统性的安全分析,得出建筑物健康分析结果。如果某幢建筑的健康分析结果显示它的变形数据已超限,则立刻调派相应人员前往处理,并将后续处理结果一并记录备案保存。针对重点监测对象,建立变形监测预警模型,实现早预警、早维护,以避免因变形等而导致的损失。

5. 建筑安全大数据分析系统

建筑安全大数据分析系统汇总各示范城市的建筑物监测数据,并借助国家地理信息公共服务平台等提供的地理信息,对规模巨大的监测数据进行挖掘和分析。系统通过信息收集、数据集成、数据规约、数据清理、数据变换、数据挖掘、模式评估和知识表示八个步骤,对庞大的监测数据进行挖掘,提取隐含在其中的潜在信息,以供建筑安全监测研究人员进行技术分析。

4.2.3 土地测量

土地测量是土地管理中的专业测绘工作,包括地籍管理(含地籍测绘)、土地利用现状调查、土地整理、土地开发利用、基本农田保护区划定、违法用地调查、土地出让与转让、用地变更调查、拨地放样、建设用地勘测定界、项目竣工验收等测绘工作。土地测量是对土地权属等内容进行确认并设置界桩的测量作业,其特点是碎部点数量多,精度要求高,而且要求作业区域内整体的精度平衡。对于城区,由于城市建筑物密集,交通繁忙,街道两旁树木密集,用地种类较多,采用常规测量手段比较困难且效率不高;对于农村,作业区域面积广,权属关系复杂,从控制测量到碎部测量的任务重,采用常规测量手段比较困难,且很难在短时间内完成所有土地调查与测量工作。

GNSS RTK 测量技术与传统测量方法相比,具有以下明显的优势:

(1)克服外部不利因素的影响。传统测量方法容易受到地形、气候、季节、森林覆盖等诸多因素的影响,其测量精度、作业速度都受到很大限制。在能见度低、通视困难的情况下,有些测量作业根本无法进行。GNSS RTK 测量技术的出现,可克服这些不利因素的影响。

(2)定位精度较高,数据安全可靠,测站间不需要通视。在控制点不足(没有现成控制点或控制点被破坏)的地区,能进行快速的高精度定位测量。

(3)操作方便,容易使用。GNSS RTK 测量技术对作业条件要求不高,数据输入、处理、存储能力强,与计算机、其他测量仪器通信方便。

(4)作业人员少,定位速度快,综合效益高。

4.3 海洋测绘领域应用

我国的岛屿多、海域广、海岸线长,做好海洋测绘工作,对于维护国家安全和开发海洋资源意义重大。除此之外,海洋测绘工作还与海洋地质勘探、海洋工程、海上交通、管线铺设、开发海洋资源等工作息息相关。

海洋测绘是海洋测量和海图编制的总称,是采用先进的测绘技术及方法,对海洋要素进行全面而精细的调查,并结合海洋信息及综合治理和有效利用的目标,以不同的缩放比例编制能实际反映海洋信息及特征的海图,是理论性极强、实践性极高的测绘科学。海洋测绘包括海岸地形测量、海洋工程测量、水深测量、水文测量及深度基准测量等,所编制的海图主要为航海图、海洋专题图、海底地形地貌图等。

海洋测绘作为测绘科学的一个重要分支,在科学研究、国民经济建设和国防建设等方面起着重要的作用。随着卫星与通信技术、计算机技术等的发展,海洋测绘经历了一次跨时代的转变,突破了传统海洋测绘的时空局限,进入了以数字测量为主体、以计算机技术为支撑、以3S(GNSS、GIS和RS)技术为代表的现代海洋测绘新阶段。本节主要讨论以北斗卫星导航系统为代表的卫星定位技术在海洋大地基准建设、海上定位、海底地形测量、海岛礁测绘中的应用。

4.3.1 海洋大地基准建设

海洋是人类可持续发展的重要空间,是资源勘探和开发的主要区域。我国是一个海洋大国,需要维护海洋权益,确保领海安全,发展海洋经济,保护航海运输畅通,建设海上丝绸之路,还需要加强海洋科学研究,预防并减少海洋灾害影响,等等。无论是海洋权益维护、海洋经济发展还是海洋科学研究,都需要高精度、高可靠的海洋大地测量基准的支持。海洋大地测量基准也是海岛礁资源环境信息和海战场环境信息的基本参考框架,是决策、规划和实施一切国家海洋战略的重要基础。

海洋大地测量基准构建技术虽然发展较晚,但发展得十分迅速。早在20世纪80年代末就有学者提出建设海底大地控制网的构想,一般采用卫星定位与声学定位相结合的技术方法进行海洋定位,通过海面和海底控制网联测实现海洋大地测量基准,该技术已成为海洋测绘与导航领域的研究热点和前沿方向。当前已发展了长基线、短基线、超短基线、组合声学定位及网状长基线五种水下三维导航定位方法,并基于它们建立了局部的海洋定位基准。为支撑地球科学的研究,大地测量学家提出了基于声学测距技术建立海洋高精度水平定位基准,并研发了新型压力计,用来建立海洋高精度垂直定位基准。这种组合卫星定位、水下声学定位以及压力传感器等技术的方法,将全球统一的时空基准传递到海洋内部,能满足地球科学研究的需要和海洋时空基准建设的需求。

由于电磁波和光波在水中传播时衰减严重,声波是目前唯一能在海洋中远距离传播的波动形式。1985年斯克里普斯海洋研究所(Scripps Institution of Oceanography,SIO)的施皮斯(Spiess)率先提出采用卫星定位和声学定位相结合的方式建立海底大地测量控制点。该方式在海面上利用卫星定位差分技术,动态解算测量船或浮标位置;在海底利用声学信号测量声学换能器至应答器的传输时间,联合卫星定位观测值和声学信号解算得到海底控制点的坐标。

与传统方法相比，该方式具有以下四个优势：①可以获得海底控制点在特定参考框架下的绝对坐标；②操作方便、灵活；③海底应答器只需回答问询信号，功能单一，设计简单；④不用铺设海底光缆或声学发射装置来传输数据，相对廉价。因此，卫星定位和声学定位方式成为近年来布设海底控制网、建立海底大地测量基准的首选。

1. 卫星定位和声学定位组合系统组成及观测方程

卫星定位和声学定位组合系统由三部分组成，即岸基基准站、测量船和海底控制点，可以采用图 4.2 所示的双角锥法布设海底控制网。

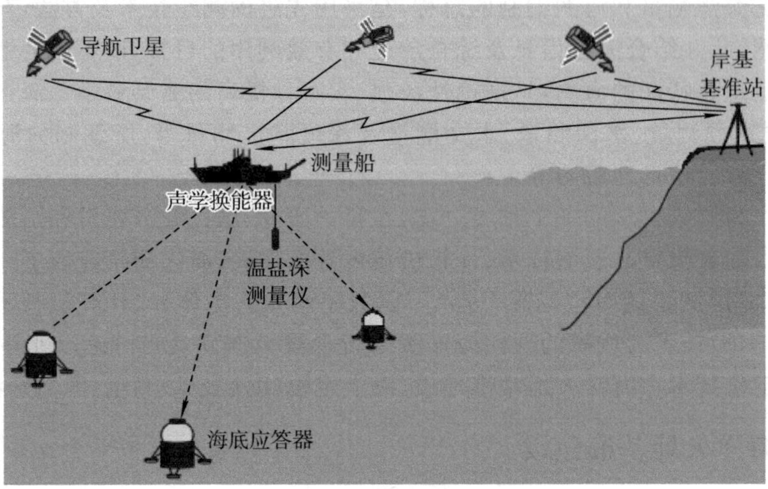

图 4.2 卫星定位和声学定位组合系统组成

在海面上方的角锥由导航卫星、测量船和岸基基准站组成，称为倒角锥；测量船同时搭载 GNSS 接收机、姿态测量传感器、温盐深测量仪、声学换能器等测量单元。

位于水下的角锥由海底应答器与测量船底部的声学换能器组成，称为正角锥。正角锥中采用声脉冲测距，其中的声学换能器以受控的重复率发射声脉冲信号，并获取来自海底应答器的“回答”。

系统采集以下四种类型的数据：卫星伪距和载波相位观测值，姿态测量值，横摇、纵摇和翻滚角，海水温度、盐度和深度。根据声脉冲信号往返传播时间，最终确定海底应答器的位置。

海底声学定位的观测方程为

$$\rho = f(X_r, X_s) + \delta\rho_d + \delta\rho_v + \varepsilon \tag{4.5}$$

式中，ρ 为测量船底部声学换能器至海底应答器的声学测量距离，由声速和声脉冲信号往返传播时间共同确定；$f(X_r, X_s)=\sqrt{(x_r-x_s)^2+(y_r-y_s)^2+(z_r-z_s)^2}$，$(x_r, y_r, z_r)$ 为应答器坐标，(x_s, y_s, z_s) 为声学换能器坐标；$\delta\rho_d$ 为应答器反射信号时延和测定反射声脉冲信号峰值产生的误差；$\delta\rho_v$ 为由声速变化引起的误差，海洋表层 500 m 内的海况对该项误差的影响最大；ε 为剩余的随机误差，包括测量噪声和多路径效应等。

2. 海底控制点建立方法

建立海底控制点一般采用两种方式：①在海底布设单应答器作为控制点，采用历元间单差法定位；②在海底布设多个(一般不小于三个)几何结构固定(一般为圆)的应答器，将应答器阵列中心作为控制点，确定几何中心的位置，如圆心法和非差法。

1)历元间单差法

如图 4.3 所示,历元间单差法的基本思想是通过历元间差分消除声学测距共同误差的影响。该方法在实施时,仅需在海底布设单个应答器,在海面上控制测量船按照指定的航线航行。

该方法尚未应用在高精度海底控制点的建立中,但我国的海底电缆定位采用了历元间差分的方法,实现了海底电缆检波器的亚米级定位。

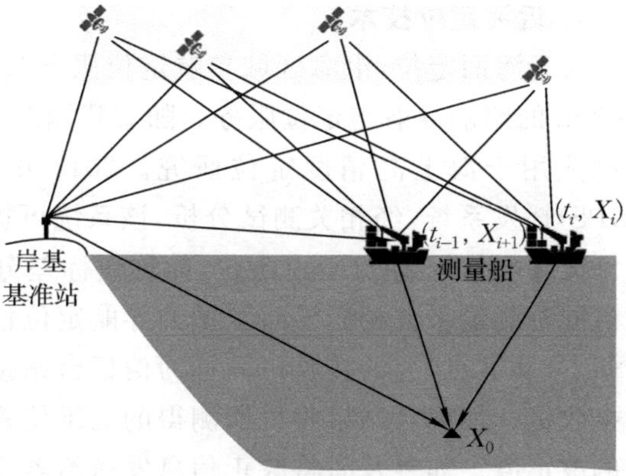

图 4.3　历元间单差法

2)圆心法

圆心法是同时在海底布设三四个应答器,这些应答器均匀分布在一个半径为水深的圆上,测量时将圆心作为虚拟控制点。如图 4.4(a)、图 4.4(b)所示,该方法的实施分为两步:①使用拖拽的声呐在距海底几百米处,对海底应答器阵列进行测量,以确定海底应答器的相对位置关系;②根据第一步测定的几何结构,将测量船静止于圆心上方,测定船底部声学换能器至每个应答器的脉冲信号往返传播时间,确定虚拟控制点的水平坐标。

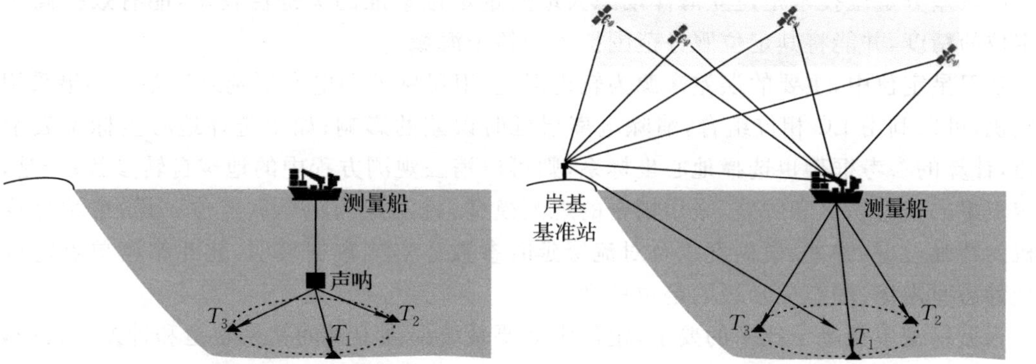

(a) 确定海底应答器几何结构　(b) 几何中心水平坐标解算

图 4.4　圆心法建立海底二维控制点

3)非差法

非差法同样是在海底布设多个海底应答器作为控制点,应答器阵列形状一般为圆形、正方形、等腰直角三角形等。在海面,为消除或削弱声速误差的影响,优化设计航线分布,测量船按照预设的航线测量,从而得到空间分布均匀的测线。空间均匀分布的航线可以提高海底控制点的定位精度。

4.3.2　海上定位

海上定位是现代海洋测绘中的一项基础工作。海上定位通常是指在海上确定船舶、浮标等载体的位置,主要用于舰船导航,同时又是海洋大地测量不可缺少的工作。海上定位在沿海地区可采用无线电信标-差分卫星定位(radio beacon navigation-differential GNSS, RBN-DGNSS)系统,在远海地区可采用精密单点定位(precise point positioning, PPP)技术和卫星定位广域差分技术。

1. 近海定位技术

对于海面定位，沿海区域导航定位服务长期使用无线电信标-差分卫星定位系统，可提供2～3 m的船舶导航与定位服务。随着我国北斗卫星导航系统的建设和完善，北斗卫星导航系统已应用于海上高精度定位研究。2013年，在上古林航标管理站建立了RBN-(DBDS＋DGPS)播发系统，经相关测试分析，该系统可提供米级导航定位服务。

无线电信标-差分卫星定位，简称信标差分定位，是利用信标台站和流动站两台GNSS接收机同时测量来自相同导航卫星的导航定位信号，用以联合确定用户的精确位置。其中位于已知点（基准点）上的接收机简称为信标台站接收机，安设在运动载体上的接收机简称为流动站接收机。信标台站接收机所测得的三维位置与该点已知值进行比较，便可获得卫星定位数据的改正值。如果及时将改正信息发送给若干台观测共同卫星的流动站接收机并改正所测得的实时位置，便叫信标差分定位。一般一个基准站陆上覆盖范围为100 km，海上覆盖范围为300 km，在沿海适当的地方布设若干基准站便可在近海海域进行海上差分定位。

2. 远海定位技术

对于较远海域的测绘工作，由于海域工作的特殊性，不可能在海上建立固定的大地测量控制点，常规大地测量技术和卫星定位静态测量技术无法满足要求，而普通的卫星差分定位技术，随流动站离差分主站距离的增大而定位精度迅速降低，且作用范围有限，在使用上受到限制。广域差分定位技术是建立海洋动态大地测量定位基准的关键性技术，能有效提高实时差分定位的精度，并能将其定位服务范围扩大到整个海域。

在卫星定位中，主要的误差来源为轨道误差、卫星钟差和电离层延时误差。如果采用双频接收机，可以利用LC相位组合，消除电离层延时误差的影响；如果选择地心坐标系表示卫星轨道，计算的参考框架也选择地心坐标系，则可以消去观测方程中的地球自转参数；于是，只要给定卫星的精密轨道和钟差，采用精密的观测模型，就能像伪距单点定位一样，单站计算出接收机的精确位置、钟差、模糊度以及对流层延时参数。实测数据表明，北斗精密单点定位可以实现静态厘米级、动态分米级的定位精度。

根据精密单点定位技术的要求，定位中需要系统提供卫星的精密轨道和钟差。目前，国际地球自转和参考系统服务的几个数据分析中心都具备提供卫星的精密轨道和钟差的能力，这些数据可通过网络向用户实时播发。因此，在具备通信网络的海域，可通过通信链路实时获取精密轨道和钟差数据，从而完成实时精密单点定位服务。在移动通信网络无法覆盖的海域，有学者提出可利用北斗卫星导航系统特有的短报文通信服务传输相关数据，但由于精密轨道和钟差的数据量会超出短报文的字数限制，因此在发送之前必须对这些数据进行压缩和重新编码。此外，用户还可以利用北斗三号卫星播发B2b信号直接进行精密单点定位，或者利用StarFire等商业卫星差分服务进行海上定位。

北斗三号系统除了提供卫星无线电导航服务外，其B2b信号还承载着精密单点定位、全球短报文通信、国际搜救三大服务。其中精密单点定位服务B2b信号由北斗三号的三颗地球静止轨道卫星在我国及周边地区播发，可为用户提供公开、免费的高精度精密单点定位服务。目前，精密单点定位服务B2b信号采用500 bit/s速率实时播发，先行实现北斗卫星导航系统精度增强，用户可以获取实时的分米级定位精度。后续随着北斗卫星导航系统上下行链路资源的提升，将具备更多系统（北斗卫星导航系统、GPS、GLONASS和Galileo）、更高精度的增强能力。

StarFire 是一个全球 GPS 差分网络，能为世界上任何位置的用户提供可靠的分米级定位精度。由于广域差分 GPS 改正系统通过国际海事卫星通信系统地球同步通信卫星作为通信链路，所以用户不用搭建本地参考站或进行数据后处理，就可获得很高的精度。此外，采用覆盖全球的地球同步卫星作为差分通信链路，在地球表面从北纬 75°到南纬 75°都可获得相同的精度。

StarFire 系统由 GPS 卫星星座、L 波段通信卫星和一个分布在世界各地的参考站网络组成，并由该系统提供实时的高精度定位信息。为提供定位服务，StarFire 搭建了一个全球双频参考站网络，这些参考站不断接收 GPS 卫星信号。参考站接收的信号被传送到网络处理中心生成差分改正信息，差分改正信息通过独立的通信链路，被传送到卫星上行链路站，最后链路站将差分改正信息上传至地球同步通信卫星。

4.3.3　海底地形测量

海底地形测量主要是明确海底点的三维或平面坐标，而水下地形测量还需要通过水声仪器来进行水深测量。海上航运、海上石油作业、海底电缆工程、渔业开发、海底矿业资源勘探等工作均需要应用水下地形图。在海洋水下地形测量中应用卫星定位技术，能迅速、准确地测定水声仪器所在位置。对于比例尺相对较大的测图，可通过差分技术开展相对定位，在实际操作中，要把 GNSS 接收机和水声仪器结合起来，前者实现定位测量，后者开展水深测量，再通过电子记录设备、计算机、绘图仪等构成海洋水下地形测绘自动化系统，实现断面图、水下地形模型等的测绘。

水深测量是指测定水底点至水面的高度和水底点的平面位置，是海道测量和海底地形测量的中心环节，目的是为船舶航行提供航道深度，确定航行障碍物的位置、深度和性质。传统水深测量的内容主要包括以下两方面：

(1)测深点的深度测量。测量水深所使用的工具和仪器一般有测深杆、测深锤和测深仪等。为连续测得水深，必须选择适当的测深线间隔和方向。测得水深后，必须进行水位改正，就是把在瞬时水面上测得的深度归算到从深度基准面起算的深度。

(2)测深点的定位。在水深测量工作中，还要精确地测定测深点的平面位置，这项工作简称为定位。用测深仪测深时，测深点的平面位置是声学换能器的平面位置；用测深杆、测深锤测深时，测深点的平面位置是测深杆或测深锤与水面垂直相交时的平面位置。

传统的海洋水深测量方法精度低且效率不高，只能进行粗略的海图绘制，难以满足高标准的探测工作的要求。随着卫星定位、遥感探测、声波探测和激光探测等科学技术的不断成熟，它们将逐步被应用于海洋测绘过程中，海洋测绘技术也将逐渐向高效率、高精度、高现代化迈进。

船载海洋水深测量就是通过测量船配置的测量系统对海洋水深进行测量，并获得相关数据。该系统主要由专门水深测量软件、计算机、GNSS 接收机、多波束测量仪组成。船载海洋水深测量流程主要是：

(1)准备工作。一是进行 GNSS RTK 测量基准站架设时，需把其架设在测区的中心位置，且要求周边地势较高、无明显遮挡物；二是以参考系为基准转换坐标；三是根据已测量数据重新进行加密处理，进而重设原有测量面。

(2)进行数据收集时，要对数据参数的正确性进行检查，以免基准站定位出错，在测深设备正常连接后，需对相关测量仪、天线偏差、接收机数据格式、定位仪接口等进行全面校准，并在检查确认正常后才可开展测量工作。

（3）在数据处理时，应用专业软件对获得的海洋水深数据实施有效处理，得出系统的数据分析报告，并以文档方式妥善保存。

4.3.4 海岛礁测绘

海岛礁测绘作为海洋测绘的重要组成部分，既不同于传统的陆地测绘，也有别于传统的海洋测绘，其主要技术与方法不仅是两者的有机统一，还有许多新的内涵和特点。精确测绘海底地形地貌和海岛礁地理空间信息是解决国与国之间海洋国土及海洋资源争端的重要依据，也是进行海岛礁管理和经济开发的重要基础，因此海岛礁测绘正受到越来越多的重视。卫星定位技术在海岛礁测绘方面的应用，主要体现于海岛礁区域的大地控制网布设、海岛礁定位、高程测定、海岛礁地形图测绘等。

我国已经建立了 2000 国家大地坐标系，为海岛礁测绘提供了新的参考系；已经完成了覆盖全国 80 n mile 以内近海岛礁的国家海岛礁大地控制网（包括 770 个大地控制点），以及主要海岛礁的精确定位等工作。对于沿海岸线或沿海陆路区域，通常采用 GNSS RTK 测量技术；较远的海区则较多采用 GNSS 接收机与其他设备联合定位技术。在信息采集方面，随着遥感信息采集技术发展，GNSS 辅助与信息采集的测量平台也由单一船载向与机载、星载相结合转化。

1. 控制测量

由于大部分海岛礁在高潮位时，礁盘被全部淹没，低潮位时只有部分孤立礁石露出水面，因此无法在礁盘上建造合适的测量控制点，只能在附近找到稍大一些的岛屿，在上面布设测量控制点，以完成对周边区域的海岛礁的控制测量。

传统的测量手段已无法满足海岛礁的控制测量要求，可使用卫星定位技术，采用地心坐标系，建立与陆地统一的海岛礁大地基准。结合已建成的卫星导航定位连续运行基准站网观测数据，在测区同步进行静态数据采集，然后统一解算，以求取高精度的定位数据。

2. 海岛礁定位

海岛礁定位是基于卫星定位技术和卫星遥感技术识别海岛礁并进行地理定位，为海岛礁测图做准备。常用的方法有以下几种：

（1）信标差分定位。信标差分定位技术是差分卫星定位技术的一种，是利用覆盖沿海的岸基无线电信标台，在其发射的信号中加一个副载波调制，以发射卫星定位差分校正信号，提供定位导航服务。目前我国沿海距离海岸线每 300～500 km 设立一个信标基站，已建立 20 个信标基站，这些信标基站 24 小时发送差分改正信息，其传输距离是：内陆 300 km，海上 500 km。例如，利用三亚基站的信号，定位精度达到 1～3 m，可以满足 1∶5 000～1∶10 000 比例尺的海上测图要求。此种方法适合近海地区。

（2）星站差分。星站差分 GPS 系统是美国建立的一个全球双频 GPS 广域差分定位系统，也是世界上第一个可以提供厘米级实时精度的星基增强差分系统。星站差分 GPS 系统不需要考虑 RTK 测量的工作距离，不需要建立基站就能在全球任何地方得到分米级及厘米级定位精度。星站差分 GPS 系统给传统的经典测量带来了一场深刻的技术革命。全球导航卫星系统的用户在不必架设基站的情况下，可以在全球任意地点、任意时刻体验从亚米级、分米级到厘米级不同层次的高精度定位增强服务。我国也开始建立类似这样的星站差分商业服务。

3. **高程基准**

高程基准定义了陆地和海岛礁高程测量的起算点。高程基准的建立包括高程基准点和高程框架的建立。高程基准的参考面为似大地水准面，主要采用物理大地测量方法，联合多源重力场探测数据按边值方法计算。根据实现方式，高程系统主要分为正高系统和正常高系统两大类。高程框架是高程系统的实现，我国水准高程框架由全国高精度水准控制网来体现，以1985国家高程基准为起算基准，以正常高高差为水准高程传递方式。通过精化似大地水准面的方法建立的高程框架称为似大地水准面高程框架，是海洋、海岛礁高程基准传递的主要表现形式。高程基准测定是利用星站差分测得控制点的大地高，利用地球重力场模型软件求取该点的高程异常值，然后求取该点的正常高。

4. **海岛礁地形测量**

由于大部分海岛礁面积较小，上面无建筑物，没有或只有少数植被，地形地貌起伏较小，地形测量相对简单，采用常规测量手段即可完成。例如，架设卫星定位基站，采用流动站进行碎步数据采集，最后编绘成图。礁盘水下地形测量的难点在于测量海水较浅的区域，应尽可能选择高潮位时进行测量，以利于船只在礁盘上行走，对于个别露出水面的孤立礁石，应调整测线进行测量。

4.4 太空领域应用

4.4.1 低轨卫星监控与精密定轨

卫星导航系统能为航天器提供全球、全天候、实时、高动态、高精度的导航定位信息，应用范围可从200 km的低轨道空间向上延伸到36 000 km的地球同步轨道空间，在发射段的入轨控制、初轨捕获、在轨飞行时的轨道测量、再入时的状态监测、返回轨道参数的计算以及航天器空间交会对接时的相对运动状态测量等各个阶段均能发挥作用。纵观国内外航天应用导航定位设备的发展脉络，值得重点关注的发展特点包括两个方面：应用范围与定位精度。应用范围从最初的低地球轨道向目前的地球同步轨道发展，定位精度从最初的百米级发展到米级，再到目前的厘米级。

低轨卫星飞行速度为数千米每秒，如此高的速度使卫星能够快速覆盖极其广阔的地区。低轨卫星由于其特殊的轨道特性而被广泛应用，特别是在空间物理研究、重力场恢复、大气探测以及环境监测等相关领域，有着举足轻重的地位。高精度的卫星轨道信息，是卫星对地观测应用的决定性因素之一。借助低轨卫星上搭载的仪器开展军事活动的技术发展迅猛，对低轨卫星定轨精度提出了越来越高的要求。低轨卫星大部分的应用领域，对卫星轨道信息都有较高要求，例如海洋测高卫星 TOPEX 要求轨道径向精度优于 5 cm，重力卫星对轨道的要求则更为苛刻。卫星精密定轨是卫星对地观测技术发展应用的基础，这使得研究低轨卫星精密定轨技术变得尤为重要。低轨卫星精密定轨的研究一直是国际上的热门课题。

高精度的卫星轨道信息既是低轨卫星利用卫星载荷有效完成科学任务的前提和基础，同时又是拓展其应用领域的关键因素。低轨卫星精密定轨技术是保证低轨卫星任务正常完成最核心的关键技术，低轨卫星精密定轨精度是衡量低轨卫星任务系统性能的一个重要指标。低轨卫星的定轨精度主要取决于定轨方法、卫星跟踪技术以及轨道力学模型等，其中卫星跟踪技术起决定性作用。目前低轨卫星常用的卫星跟踪技术有星载卫星定位技术、卫星激光测距技术等。传统低轨卫星定轨监控使用卫星激光测距、无线电测距等测距方法，通过连续测得监测站与卫星的相对位置变化来测定卫星的轨道，并进行监控。这种方法测定的轨道精度低，不能做到实时定轨。

基于卫星导航系统的低轨卫星定轨技术能很好地满足低轨卫星的遥测和通信应用的精度要求，能对卫星进行实时高精度定轨和跟踪。大部分低轨卫星集中在数百千米的规定高度上，具备良好的卫星信号接收环境，其卫星定位精度可达到米级，满足了低轨卫星定轨精度的要求；还可实时跟踪卫星，监测与预报轨道误差，并进行实时调整，控制卫星轨道误差，调整卫星飞行姿态，等等。随着导航卫星技术的发展，基于星载卫星定位测量的高精度定轨技术已经成为低轨卫星精密定轨领域最主要的手段，且该技术已成功应用于多颗低轨卫星的精密定轨，如CHAMP卫星、GRACE卫星、GOCE卫星、Jason卫星等。

随着观测精度的不断提高、观测模型和轨道动力学模型的逐渐精化以及精密定轨数据处理方法的不断完善，低轨卫星的定轨精度得到了极大的改善。目前国外开展的飞行任务几乎都采用美国国家航空航天局喷气推进实验室研制的Blackjack双频星载GPS接收机。拉格朗日星载接收机在精密定轨方面也具有较强性能，目前已应用于欧洲空间局的GOCE卫星。在精密测姿方面，专门用于精密测姿的GPS接收机大多为萨里公司的GR-10、GR-20以及天宝公司的Vector接收机等。北斗卫星导航系统授时精度可达10 ns，可为低轨卫星的定轨和监测提供高精度的授时服务，使低轨卫星时间、监测站时间和控制中心时间严格同步，为卫星精密定轨提供时间基础。

低轨卫星精密定轨的主要目的是获取低轨卫星高精度的位置信息，为完成其科学任务以及实现拓展的应用服务提供高精度的空间基准。鉴于星载卫星定位测量观测量对空间观测环境的依赖性较强，卫星轨道动力学模型能在一定弧段内较为准确地描述运动状态，但卫星轨道动力学模型通常包含系统性或规律性误差。因此，如何合理利用星载卫星定位测量观测信息和动力学信息，获得最优的低轨卫星轨道信息，同时能够给出轨道的精度信息，都是值得深入探讨的问题。由于观测误差和模型误差不可避免，用于精密定轨的观测资料不可能是精确值，而且卫星轨道动力学模型也只能近似地描述卫星的运动状态，因此低轨卫星精密定轨问题变为利用不够精确的卫星轨道动力学模型、包含随机误差的观测数据以及不够精确的初始状态数据求取卫星轨道信息的最佳估值的问题。

在实际数据处理中，涉及大量观测数据的处理以及复杂的力学模型，有效的数据处理方法尤为重要。精密定轨数据的处理方法通常可分为两大类：一是批处理方法，二是序贯处理方法。批处理方法每次通过处理全部观测资料来改进某一历元的状态量，常采用加权最小二乘估计方法；序贯处理方法每次处理观测资料并产生每个测量时刻状态量的最优估计值，常采用扩展卡尔曼滤波估计方法。加权最小二乘估计方法具有更好的稳定性，一般用于事后定轨；而扩展卡尔曼滤波估计方法既可以用于实时定轨，也可以用于事后定轨。

为了评估星载卫星定位测量精密定轨性能，选取2015年279天的Swarm-B卫星星载GPS观测数据进行验证分析。在实际处理过程中，观测数据的采样间隔为1 s，卫星高度截止角为0°，观测模型采用无电离层组合模型。估计的参数主要包括初始轨道根数、动力学模型参数、接收机钟差以及模糊度等；其中，将模糊度参数作为常量进行估计，模糊度为浮点解，将接收机钟差当作白噪声进行处理。GPS精密轨道和精密钟差等均采用欧洲定轨中心的事后精密产品。GPS卫星天线相位中心偏差(PCO)和天线相位中心变化(PCV)采用IGS08.atx模型进行改正,接收机端的PCO和PCV参照Luthcke方法进行估计。

根据上述两种方法,对Swarm-B卫星进行处理,并将最终定轨结果与欧洲空间局标准轨道进行比较。如图4.5所示,给出了Swarm-B卫星约化动力学精密定轨结果与欧洲空间局参考轨道残差序列情况,Swarm-B卫星约化动力学轨道的径向、迹向和法向的精度分别可达2.5 cm、2.5 cm和2.2 cm。上述结果表明:Swarm-B卫星约化动力学定轨精度优于3 cm,且定轨结果较为稳定。

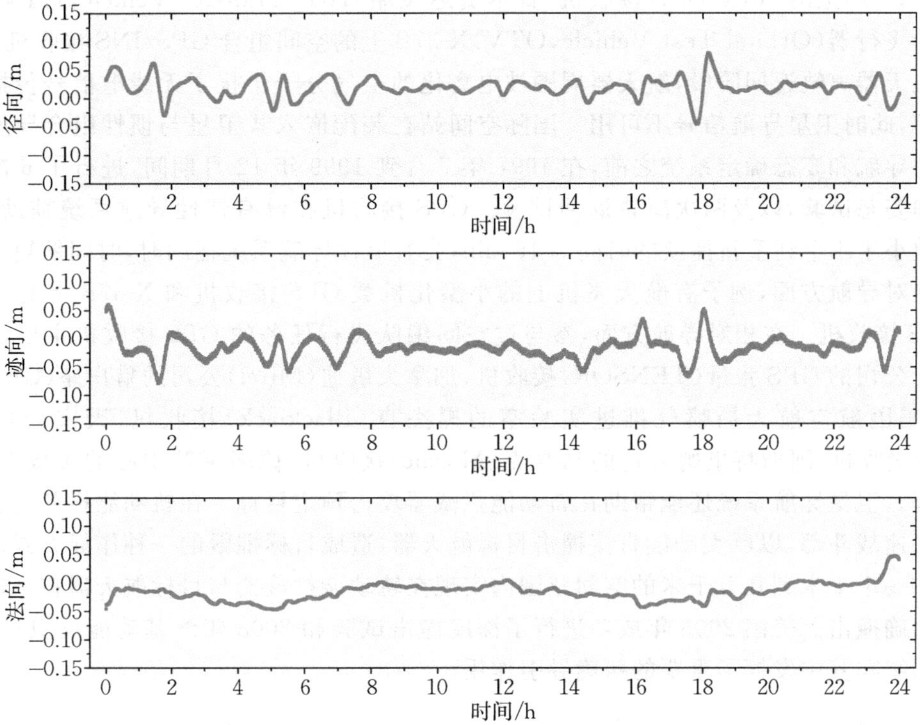

图4.5　Swarm-B卫星约化动力学精密定轨结果与欧洲空间局参考轨道残差序列图

4.4.2　航天器空间交会对接

空间交会对接是指两个或两个以上航天器同一时间在轨道同一位置以相同速度相会合,并在结构上连成一个整体的过程。空间交会对接包括空间交会和空间对接,属于航天器轨道控制和姿态控制的范畴,涉及两个航天器最多12个自由度的轨道和姿态控制问题,其关键问题是航天器之间的相对导航问题。空间交会对接是实现空间实验室、空间通信和遥感平台等大型空间基础设施在轨装配、回收、补给、维修以及国际空间救生服务等空间操作的先决条件。空间交会对接飞行任务一般分为地面导引、自动导引、最后接近、逼近操作和对接五个阶段。

惯性导航系统(inertial navigation system,INS)是空间主要的导航与姿态确定系统,惯性导航系统中的陀螺仪一直是保持和测量航天器姿态的主要设备。通过卫星与惯性组合导航实现两种系统性能的互补,卫星导航信号失锁后,惯导数据能够帮助接收机更快地重新捕获信号。卫星与惯性组合导航技术在航天器空间交会对接的五个阶段以及返回着陆阶段中均能发挥良好的作用，空间卫星与惯性组合导航系统已是国际空间站(International Space Station, ISS)主要的导航和姿态确定系统。1995年，GPS接收机首次在空间运输系统STS-69测试中取得10 m的相对定位精度，此后又在STS-72、STS-80、STS-84、STS-86和STS-91中进行了多次应用。1998年，日本使用差分GPS技术成功实现工程检验卫星ETS-Ⅶ的自主交会和对接任务。在没有推力器喷射等干扰的情况下，导航误差可控制在2 m内；在利用推力器对追踪器进行轨道控制的情况下，仍可将追踪器位置误差控制在5 m内，这是世界上首次采用差分卫星定位技术进行无人航天器交会对接导航实验。若采用载波相位观测量可取得更好的性能。目前参与交会对接任务的GPS接收机包括欧洲自动转移飞行器(Automated Transfer Vehicle, ATV)上的ATV-GPS接收机、日本货运飞船(H-II Transfer Vehicle, HTV)与美国轨道试验飞行器(Orbital Test Vehicle, OTV)X-37B上的空间组合GPS/INS接收机。

在航天器离轨返回阶段，航天器周围被电离化的空气分子干扰了无线电信号传播而形成"黑障区"，此时卫星导航信号不可用。国际空间站在装配嵌入式卫星与惯性组合导航系统作为主要的导航和姿态确定系统之前，在1997年7月到1999年12月期间，进行了6次在轨空间导航和姿态试验，以及两次离轨返回试验。GPS接收机在没有惯性导航系统辅助时，从跟踪卫星数小于4个到重新捕获的时间为16 min；当有惯性导航系统辅助时，时间缩短为6 min。

在绝对导航方面，例子有航天飞机上的小型化机载GPS接收机和X-37B上的空间组合GPS/INS接收机。在相对导航方面，参与过空间编队飞行任务的GPS接收机主要包括劳拉空间系统公司的GPS张量(TENSOR)接收机、加拿大敏迪(Mitel)公司的猎户座(GPS Orion)接收机、美国航空航天局喷气推进实验室的黑杰克(Blackjack)接收机、天宝公司的矢量(Vector)接收机、阿斯特里姆公司的马赛克(Mosaic)接收机、德国宇航中心的集成GPS掩星接收机等。卫星导航系统还能帮助在轨动能拦截器攻击预定目标。在轨动能拦截是利用非爆炸性的高速战斗部，以巨大动能直接撞击目标航天器，造成目标摧毁的一种作战方式。这种方式要求在一千千米到几万千米的空间范围内实现在轨动能拦截器与目标航天器在高速运动状态下的精确撞击。美国2005年成功进行了深度撞击试验和2008年海基动能反卫星试验，卫星导航系统在其中发挥了重要的精确导引作用。

4.5 防灾减灾领域应用

我国自然灾害多发，地震、泥石流、风暴、洪水、冰雪等灾害给我国人民的生命和财产造成巨大损失。有效预防和监测是减少损失的重要途径，而北斗卫星导航系统可服务于我国的防灾救灾事业，对我国灾害防治水平的提升有着重要而深远的影响。北斗卫星导航系统的导航、定位、短报文通信功能，可提供实时救灾指挥调度、应急通信、灾情信息快速上报与共享等服务，显著提高了灾害应急救援的快速反应能力和决策能力。我国已建成部、省、市(县)三级平台，实现六级业务应用。利用北斗等卫星导航系统高精度定位技术实现地质灾害监测，多次成功预警甘肃黄土滑坡，时间精确到秒，移动范围精确到毫米。北斗卫星导航系统提供的高精度服务在灾害监测预警方面能发挥重要作用，主要体现在以下几个方面：

(1)受环境制约小。地震、洪水、冰雪等自然灾害都会对交通、电力、通信等社会基础设施造成严重损毁，致使受灾地区对外交通、电力、通信中断，北斗卫星导航系统覆盖范围广，不受地面灾害和环境条件的影响，在灾害发生的特殊时期可以为抗灾救灾发挥不可替代的作用。

(2)同时具备定位与通信功能。北斗卫星导航系统同时具备定位与通信功能,不需要其他通信系统的支持。北斗卫星导航系统可以进行短报文通信,目前,其他全球导航卫星系统不具备此功能。另外北斗 RDSS 模式属于主动定位方式,指挥中心可随时了解持有北斗终端的用户的位置,并可通过短信进行双向通信,从而随时了解灾情的发展。

(3)自主开发,独立产权。北斗卫星导航系统是我国自主研制建设的卫星导航系统,可以独立为用户提供服务,在防治自然灾害方面有着不可替代的地位。

4.5.1 地壳形变监测与地震预测

地震的孕育和发生在本质上是地壳内部的应变能逐渐积累并突然释放的结果。伴随着地震的孕育或应变能的显著积累,岩石圈表层必然会表现出某种形式和量级的地壳形变。基于这样的认识,地壳形变监测一向是地震监测和地震危险性分析的重要手段之一。

我国大规模的地壳形变监测起始于 1966 年邢台地震之后。在 20 世纪 90 年代,地壳形变监测手段主要包括精密水准测量、激光测距、三角测量和因瓦短基线测量等。由于这些观测手段本身的局限性,尽管在全国范围内取得了大量的观测资料,但这些资料在空间上缺乏关联性,观测区域往往彼此独立地零星分布在某些构造部位或小区域范围,国际上的情形亦是如此。

自卫星导航技术问世以来,空间对地观测技术得到全面发展,从根本上突破了传统大地测量的局限性,为大范围、跨区域、高精度、全天候的三维地壳运动观测提供了革命性的技术手段。与传统的方法相比,不仅观测效率提高了数十倍,而且精度也提高了 3 个数量级,使上千千米长的基线观测精度达到毫米级。这样的精度足以检测大范围地壳运动的微小变化,尤其重要的是,与传统大地测量方法相比,在不同区域或不同时期的卫星定位观测数据均可纳入全球统一的参考框架,从而使我们能够定量确定任何相邻或非相邻构造区域之间的相互运动。我国北斗卫星导航系统为地壳运动观测提供了高精度、高稳定性及高可靠性的数据资源。

中国地壳运动观测网络(crustal movement observation network of China,CMONOC)是以 GNSS 观测技术为主,辅以甚长基线干涉测量(very long baseline interferometry,VLBI)和卫星激光测距(satellite laser ranging,SLR)等空间技术,结合精密重力和精密水准测量构成的大范围、高精度、高时空分辨率的地壳运动观测网络,它是一个综合性、多用途、开放型、数据资源共享、全国统一的观测网络,具有连续动态监测功能。该网络的科学目标主要是地震预测预报,同时也兼顾大地测量等其他方面的需要。

中国地壳运动观测网络给出的大范围和时空密集的观测数据,成为地球科学定量研究的基础,并为我国可能发生的 7 级以上大地震的预报提供关键性科学依据;同时成为当今世界研究地球动力学的重要实验基地,尤其对青藏高原的隆起成因的研究起到决定性的作用,从而确立我国在这一领域研究中的主导地位。

4.5.2 变形灾害监测与预报

变形是指在各种载荷作用下物体形状、大小及位置在时间域和空间域中的变化。变形体的变形在一定范围内被认为是允许的,如果超出允许值,则可能引发灾害。自然界的变形危害现象很普遍,如地震、滑坡、岩崩、地表沉陷、火山爆发、溃坝、尾矿库沉降、桥梁与建筑物的倒塌等。科学、准确、及时地分析和预报变形体的变形情况,对灾害发生的预防、灾害体的科学管理极为重要。

变形监测按照测量方法可分为地下观测技术、地面观测技术和空间观测技术。地下观测技术主要监测岩土内部变形及结构体的变形，监测设备以沉降仪、测斜仪为代表。地面观测技术监测岩土、建筑表面位移，监测设备以全站仪为代表。空间观测技术包括卫星定位测量技术、差分干涉测量技术以及机载激光雷达技术等。其中，卫星定位测量技术以全天候、高精度、高效率、实时、动态、可实现在线连续监测等优点，成为当今极为重要的监测手段之一。与全站仪等传统测量仪器和测量手段相比，采用卫星定位测量方法时，测量点之间不需要通视，选点不受地形限制，可省略许多中间过渡点，且不必建标，从而可节省大量的人力物力；测量点的三维坐标可同时测定；不受天气条件限制，可进行全天候观测；在特定位置布设测量点，可以多点同步观测，测量、记录、计算全自动完成，确保了测量结果的客观性和可靠性；大范围内精度较高，基线长度大于 10 km 时，其相对精度可达到 $10^{-6}\sim10^{-7}$。基于北斗地基增强系统后处理毫米级模式的变形监测系统可以对被测对象进行建模，根据被测对象的位移变化，综合其他健康数值，形成科学的健康变化模型，并据此进行科学预警，有效降低变形引起的生命财产损失，可广泛应用于桥梁健康监测、地铁路基沉降监测、地质滑坡监测、城市采空区沉降监测、建筑深基坑作业、高层建筑健康监测、电力塔杆倾斜监测等，具有广阔的市场前景。

随着科学技术的进步以及交通运输需求的变化，许多大跨度桥梁应运而生，尤其是悬索桥、斜拉桥以跨度大、造型优美、节省材料而备受人们的青睐，成为大跨度桥梁的首选。但随着跨度的增大，加劲梁的高跨比越来越小(1/40～1/300)，安全系数也随之下降，实时掌握大跨度桥梁的运营状况和安全状态显得尤其重要。为了监测桥梁整体的空间几何变化，必须分别对桥梁墩台、塔柱、桥面进行全面的监测，桥梁监测项目需求见表 4.2。

表 4.2 桥梁监测项目需求

序号	监测内容	监测要素
1	桥梁墩台变形观测	墩台特征位置的垂直位移和沿桥轴线方向的倾斜观测，各墩台在上、下游的水平位移观测、沿桥轴线方向的水平位移观测
2	塔柱变形监测	塔柱顶部水平位移监测、塔柱整体倾斜观测、塔柱周日变形观测、塔柱体挠度观测、塔柱伸缩量观测
3	桥面线形与挠度观测	桥面沿轴线的垂直情况、桥面线形的长期变化趋势
4	桥面水平位移观测	风荷载等引起的垂直于桥轴线方向的水平位移

滑坡监测是预报地质灾害并降低损失的重要且有效的办法。滑坡监测主要关注变形点的位移变化而不是绝对坐标的变化。传统滑坡监测主要是通过建立不同等级的变形监测控制网，定期进行观测来确定变形点的位移变化。但是这种方法不仅费时费力，容易受到人为、气象等因素的干扰，而且采集的数据不能及时处理，无法实时动态反映滑坡的变形情况。这些问题是传统滑坡监测亟待解决的难题。

卫星导航系统应用于滑坡监测的系统过程。首先需要在滑坡体附近的稳定区域部署基准站，然后在滑坡体变形区域部署监测站，每个测站均使用高精度 GNSS 接收机采集卫星导航信号，并利用 5G 等通信网络将采集到的观测数据传回解算云平台。云平台选择相应的高精度定位技术对观测数据进行自动处理、分析，并根据滑坡体的环境、通信条件等选择相应的稳定性技术及多源融合技术进行增强处理，最终得到具有较高可靠性的变形序列结果。

卫星定位滑坡监测预警技术历经 30 余年的长足发展，目前已经成为融合卫星导航、无人机、自组网通信、智能控制、先进遥感等众多学科理论与技术的研究领域。面对国家基础设施建设向更偏远的复杂山区拓展的现实需求，卫星定位滑坡监测预警技术需要满足设备普适智能、技术稳定可靠、预警快速精准的高要求。

4.5.3　北斗自动雨量站

山洪一般发生在山区中小流域的山地沟谷或河道，多为短时强降雨造成的，具有持续时间短、突发性强、能量集中及破坏性大等特点。山洪及其诱发的泥石流和滑坡等次生灾害常造成人员伤亡、房屋田地损毁、桥梁和道路垮塌，甚至可能造成溃坝，严重危害国民经济和人民生命财产安全。酿成洪灾的因素包括降雨和下垫面条件，其中降雨是导致山洪灾害的直接、关键因素。由于在一定时段内流域面雨量达到或超过某一临界值时才造成灾害，因此致灾临界雨量的确定是有效预警和规避山洪灾害的重要前提。

2021 年 7 月，受台风“烟花”和“查帕卡”的影响，河南省发生罕见的极端暴雨事件，造成了重大人员伤亡和巨额经济损失。极端暴雨的产生过程极为复杂，大气可降水含量是产生降雨的主要因素之一。研究人员利用河南省 220 个连续运行的北斗等卫星导航定位基准站观测数据，采用精密单点定位和克里金插值方法，获取了本次极端暴雨发生期间河南省高时空分辨率的大气可降水含量空间格网数据；同时结合省内 116 个气象站的降雨量数据，分别从时间和空间上分析了大气可降水含量变化与极端降雨之间的关系。结果表明，通过精密单点定位方法获取的大气可降水含量数据与国际权威的全球气象再分析资料 ERA5 反演的测站结果的互差均方根为 3.2 mm；进一步通过克里金插值方法获取的大气可降水含量空间格网数据与探空仪实测结果的互差均方根为 4.6 mm，与 ERA5 反演的格网数据的互差均方根为 4.4 mm，表明利用北斗卫星观测反演的大气可降水含量数据精度符合气象学研究要求。通过分析北斗等卫星导航定位基准站与并址气象站的大气可降水含量和小时降雨量的时间序列，发现暴雨期间并址气象站上空的大气可降水含量达到高数值水平，并且在极端降雨发生前 1～3 h 大气可降水含量多表现出陡增现象。通过北斗导航卫星数据分析大气可降水含量与小时降雨量的空间分布关系，发现本次极端暴雨中高数值大气可降水含量地区，其降雨强度也普遍较高，与实际受灾情况相符。自动雨量站如图 4.6 所示。

图 4.6　自动雨量站

4.5.4 泥石流监测预警系统

基于北斗短报文通信功能的泥石流监测预警系统将北斗终端的通信功能与泥石流监测仪器相结合，采用实时采集与发送数据的方法，可以满足地质灾害监测预警的需要。该系统主要由传感器、采集传输仪和监控中心软件组成。传感器主要采集雨量、地声、泥水位三类分量；采集传输仪分为两个部分，由数据采集板和北斗终端组成；监控中心软件采用客户端、服务器模式设计，用于显示、存储监测数据和下发控制命令，主要实现针对不同类型地质灾害监测信息的采集与存储等重要功能。

地质灾害具有极强的隐蔽性、突发性和破坏性，因此“预警”成为重中之重。基于北斗短报文通信功能的泥石流监测预警系统目前已经在“重要地质灾害隐患监测示范(辽宁)”“北京房山地质灾害监测”等国家重大地质灾害监测预警工程中得到大量应用，尤其在四川雅安地区发生的“4·20”芦山震后次生灾害监测应急工作中发挥了重要的作用。根据原国土资源部“4·20”雅安地震指挥部的统一部署，对灾区宝兴县冷木沟和教场沟泥石流进行了应急监测，部署了6套泥石流监测预警系统，实现了高海拔峡谷区无网络信号情况下的泥石流地质灾害监测。2020年，基于北斗卫星导航系统的地质灾害监测系统在湖南多次成功预警灾害险情。江苏、贵州、广西、四川等地纷纷建立基于北斗卫星导航系统的灾害监测系统，助力防灾减灾，打有准备之仗。

第五章　交通运输和智慧城市领域应用

5.1　交通运输领域应用

交通运输行业具有点多、线长、面广的特点，卫星导航系统的应用对交通运输行业至关重要。据统计，当前90%以上的卫星导航系统用户集中在交通运输领域，交通运输行业是卫星导航系统最大的行业用户。交通运输部通过政策引导和产业扶持培育北斗产业市场，并针对交通运输行业需求，逐步组织实施北斗卫星导航系统在交通运输行业的道路运输、应急搜救、内河航运、海上运输、交通物流、公众出行、民用航空等多个领域的示范应用。

5.1.1　智能交通

智能交通系统(intelligent transportation system，ITS)的前身是智能车辆道路系统(intelligent vehicle highway system，IVHS)。智能交通系统将先进的信息技术、数据通信技术、传感器技术、电子控制技术以及计算机技术等有效地综合运用于整个交通运输管理体系，从而建立起一种大范围内全方位发挥作用的实时、准确、高效的综合运输和管理系统。中国智能交通系统体系框架的基本情况如下：用户服务包括服务领域、服务、子服务三级；逻辑框架包括功能领域、功能、子功能、过程四级；物理框架包括系统、子系统、系统模块三级；应用系统包括若干应用系统。服务领域又可分为交通管理、电子收费、交通信息服务、智能公路与安全辅助驾驶、交通运输安全、运营管理、综合运输、交通基础设施管理、智能交通系统数据管理。

2019年9月22日，国家智能网联汽车(武汉)测试示范区正式揭牌，几家企业拿到全国首张自动驾驶车辆商用牌照，7辆智能网联汽车同步投入试运营。商用牌照的发出，意味着自动驾驶车辆不仅可以在开放道路进行载人测试，也可以进行商业化运营探索。在自动驾驶车辆商用牌照下，汽车的驾驶、转弯、减速、停车等全程都不需要人工干预，但是只要踩刹车、打方向盘，车辆就会直接响应，从自动驾驶模式切换为人工驾驶模式，以确保安全。

千寻位置以“互联网＋位置(北斗)”的理念，通过北斗地基一张网的整合与建设，基于云计算和数据技术，构建位置服务云平台，以满足国家、行业、大众市场对精准位置服务的需求。千寻位置整合北斗高精度厘米级定位终端、位置数据服务以及厘米级高精度地图等技术方案，能够实现精准、实时、灵活的全场景、全天候、无缝化的车辆、人员、设备等的运营调度管理，有效提高试车场、港口等特殊限定场地的管理效率，降低监控维护人员成本，增加场地安全系数，减少安全事故的发生。

北斗地基增强系统的应用试验在我国铁路行业陆续展开。青藏线(玉珠峰站—甘隆站段)试验段基于北斗地基增强系统进行了轨道线路动态试验，试验中对比北斗单点定位和采用差分技术后定位的效果，结果显示采用差分技术后定位的效果明显与电子地图更加匹配。京沈高速铁路在朝阳、北票、乌兰木图、阜新四个车站，以及朝阳至北票区间东梁隧道附近建立了350 km/h高速条件下的试验段，基于北斗地基增强系统进行了全域系统增强试验及列控系统列车定位技术试验，验证了北斗地基增强系统对提高定位精度的效果。在无遮挡区域的定位精度由 10 m 级提高到了亚米级，车站覆盖信号增强，信号可靠性提高。

5.1.2 飞机精密进近

GNSS 四种导航服务性能分别是完好性、连续性、精度和可用性（integrity，continuity，accuracy and availability，ICAA）。其中，完好性是指当卫星导航系统定位误差超限或不可用于导航时，系统及时向用户告警的一种能力，是精度可靠程度的反映；连续性是导航服务中稳健性的需求；精度是导航服务性能评估的基础；可用性是导航服务性能中最全面的评价。保障全球导航卫星系统为终端用户提供服务的可靠性，对其服务进行完好性监测具有重要的意义，受到辅助驾驶及民航飞行等涉及生命安全（safety of life，SoL）行业的广泛关注。

民航的飞行阶段可大致划分为远洋航线、大陆航线、终端及进近阶段。其中，进近是指飞机着陆时对准跑道飞行的过程，是飞行中潜在风险最高的阶段。当前，进近阶段可根据精度需求分为非精密进近（non-precision approach，NPA）和精密进近（precision approach，PA）。表 5.1 为国际民航组织（International Civil Aviation Organization，ICAO）提出的各类导航系统进近阶段性能要求。由于民航用户对垂直引导（approach with vertical guidance，APV）的需求日益强烈，且非精密进近无此项服务，卫星导航发展架构研究小组对 200 英尺高度以下的垂直引导（localizer performance with vertical guidance down to 200 feet，LPV-200）进近阶段所需满足的指标开展研究，旨在利用卫星导航实现全球范围内的无缝服务。

表 5.1 各类导航系统进近阶段性能要求

<table>
<tr><th rowspan="2">进近阶段</th><th colspan="2">精度（95%）</th><th colspan="3">完好性</th><th colspan="2">风险需求</th></tr>
<tr><th>垂直</th><th>水平</th><th>告警限值
垂直</th><th>告警限值
水平</th><th>告警时间</th><th>完好性</th><th>连续性</th></tr>
<tr><td>NPA</td><td>N/A</td><td>220～740 m</td><td>N/A</td><td>1.85～3.7 km</td><td>10～15 s</td><td>1×10^{-7}h</td><td>1×10^{-4}h</td></tr>
<tr><td>LNAV/VNAV</td><td rowspan="2">20 m</td><td>220 m</td><td>50 m</td><td>556 m</td><td rowspan="2">10 s</td><td rowspan="5">(1～2)×
10^{-7}/150 s</td><td rowspan="5">(4～8)×
10^{-6}/15 s</td></tr>
<tr><td>APV-Ⅰ</td><td rowspan="4">16 m</td><td>35 m</td><td rowspan="4">40 m</td></tr>
<tr><td>APV-Ⅱ</td><td>8 m</td><td>20 m</td><td rowspan="3">6 s</td></tr>
<tr><td>LPV-200</td><td rowspan="2">4 m</td><td>35 m</td></tr>
<tr><td>CAT-Ⅰ</td><td>10 m</td></tr>
<tr><td>CAT-Ⅱ/Ⅲ</td><td><2.9 m</td><td><6.9 m</td><td><5.3 m</td><td><17 m</td><td><2 s</td><td><1×
10^{-9}/150 s</td><td><4×
10^{-6}/15 s</td></tr>
</table>

我国民航客运量随着经济发展而增长，航空业在我国国民经济中的地位越来越重要。随着国民经济发展，空中交通运输将更加繁忙，空中交通运输体系将面临前所未有的挑战。受各类复杂气象条件影响，运行标准需要不断提高。在民航领域，传统导航以及仪表着陆系统利用地面导航台信号，通过背台、向台飞行对飞机进行导航，进近着陆阶段飞行程序受到设备种类和导航台布局的严重制约。随着卫星导航系统和航空电子系统的发展，国际民航组织提出了基于性能导航（performance based navigation，PBN）的概念，并与有关的国际组织和国家达成共识，将基于性能导航技术作为全球导航技术的主要发展方向。当下航行新技术是实现基于机载设备性能的导航，基于性能导航技术由区域导航和所需性能导航构成。在相应导航设施、指定空域、航路和飞行程序条件下，将卫星导航系统、机载航空电子系统以及地面子系统融合，实现基于性能导航技术对机载系统的精确性、完好性、可用性、连续性要求，进而实现更精确、

更安全、更高效的空中交通管理模式。

为了实现导航所需性能，国际民航组织提供了三种类型的增强系统，包括机载增强系统(aircraft based augmentation system，ABAS)、地基增强系统(ground based augmentation system，GBAS)和星基增强系统。2016年12月，北斗星基增强系统(BeiDou satellite based augmentation system，BDSBAS)被国际民航组织接纳为星基增强服务供应商。2019年11月26日，中国民航局印发《中国民航北斗卫星导航系统应用实施路线图》，目标是到2035年底前构建以北斗卫星导航系统为核心、与GPS等其他星座兼容互操作的双频多星座卫星导航系统技术应用体系，逐步实现北斗卫星导航系统在民航行业应用的全覆盖、可替代，为运输、通用航空及无人驾驶航空器飞行提供精确完好、安全可靠的导航服务，为空中交通提供全空域监视服务，全面提升民航安全水平、空域容量、运行效率和服务能力，为新时代民航强国发展提供强大的技术支撑，进一步推动北斗全球民航应用。

在各个飞行阶段中最为关键和危险的阶段为进近着陆阶段，对机载导航系统和地面子系统的性能要求非常高，完好性监测技术成为飞机进近着陆时增强系统数据可用与否的保障。卫星导航的完好性监测起源于航空领域的需求，早期在卫星导航应用的过程中，普通用户往往只注重导航系统的定位精度，而忽略了定位结果的可靠性。航空领域的机载用户对导航系统定位结果的可靠性要求很高，从而引出地基增强系统完好性监测技术的理念，目的是支持航空领域各个飞行阶段的精密进近和着陆性能需求。地基增强系统的完好性监测包括地面设备完好性监测和机载用户完好性监测等。完好性监测技术主要反映根据局域伪距差分校正量解算出来的位置结果的可靠性，用告警阈值、告警时间和完好性风险概率参数来描述，也就是说当导航系统发生故障或导航误差超过允许的告警阈值范围时，系统能及时、有效地向用户给出报警信号，并自动校正、中断故障信号输出，从而使用户通过完好性信息来判断导航信息的可用性。地基增强系统完好性监测技术分为两类：其一是系统内部增强技术，即利用地面基准站的参考接收机内部冗余信息观测量或机载系统上其他辅助信息，排除和检测导航系统故障，这种方法称为机载接收机自主完好性监测(receiver autonomous integrity monitoring，RAIM)；其二是系统外部增强技术，构架是地面部分设置监测站来监测卫星广播信息完好状况、数据链广播完好状况和参考接收机的好坏程度状况，然后通过数据链广播播发给机载用户。

地基增强系统的完好性反映了定位信息的可靠程度，也体现了地基增强系统每一个组成部分的可靠性。地基增强系统的完好性也反映了系统存在误差的问题，存在误差就会存在一定的风险，误差大则完好性风险大。地基增强系统的误差程度的分析是定性分析系统的保护级问题，保护级直接反映了系统的误差程度，间接反映了定位域的定位误差，定位误差大则定位不精确，那么地面播发的校正信息不可靠，说明地基增强系统完好性的置信度不可靠。若保护级能够将定位误差控制在一定的范围内，即保护级小于告警阈值时，地基增强系统的完好度是可靠的，机载辅助系统就能利用地面基准站播发的校正信息和多参考接收机的一致性信息产生可以信赖的定位结果，从而达到飞机精密进近和着陆的效果。

北斗卫星导航系统在国际民航领域的标准化工作是北斗卫星导航系统进入国际民航领域的门槛和基石，也是北斗卫星导航系统在国际民航领域应用和推广的前提和保证。2017年7月，我国民航局正式公布《中国民航航空器追踪监控体系建设实施路线图》，其中明确提出，要推动以北斗卫星导航系统为代表的国产设备在民航领域的应用，积极推进自主知识产权技术和标准在国际上的应用和引领。无论是飞机通信寻址与报告系统还是广播式自动相关监视系统,可承载民航运行安全业务的卫星通信服务目前都由国外公司提供,建成具有自主知识产权的中国民航航空器追踪监控体系势在必行。针对北斗卫星导航系统在国际民航领域的标准化需求,国内已经组织开展了国际民航组织标准框架相关的组织背景、工作流程、文件体系、工作方案以及相关参会提案、预案和标准草案的制订等研究工作,并采用"先通用、后运输,先监视、后导航"的应用实施路径。

当前我国民用机场主要将仪表着陆系统(instrument landing system,ILS)作为飞机进近着陆的手段。随着民航市场的发展,飞机起落班次数量不断增长,与 ILS 的缺陷之间的矛盾越来越突出。基于北斗地基增强系统的精密进近着陆系统(GBAS landing system,GLS)将会对这一新矛盾的解决发挥重要作用。GLS 包括精密导航定位、飞行指引和着陆三项功能模块。在北斗卫星导航系统的精确信息保障下,GLS 能满足一类精密进近的要求,并提供水平、垂直偏差指引。对于 ILS 来说,一条仪表跑道只对应一个同等级的 ILS 进近程序;而对于 GLS 来说,一条仪表跑道可以对应多个同等级的 GLS 进近程序。在已具备所需导航性能的民航机场,GLS 可以带来明显提高的进近效率和更优的导航服务。基于北斗地基增强系统的 GLS 精密进近与 ILS 传统进近相比,具有典型优势:一是进近更为精密,进近数据块能够灵活定义进近航线,一套 GLS 能满足所有仪表跑道及不同类型的航空器独立进离场、进近的需求;二是环境适应性更强、灵活性更高,在 ILS 运行困难的机场,GLS 更具适应性,GLS 支持曲线进近,数据块可根据临时情况定制进近程序,提高了飞行和管制的灵活性。

在北斗地基增强系统的支持下,使用现代化的飞行计算机和创新程序,飞机能够按照机载导航设备的精确引导进入终端内隧道(新航行系统提出内外隧道概念,内隧道指系统正常的性能范围,外隧道指飞行安全的限界)。与传统导航技术相比,飞机不必依赖地面导航设施即能沿着精准定位的进离场航线飞行,在能见度极差的条件下安全、精确着陆,极大地提高了飞行的精确度和安全水平。北斗卫星对终端区的精密导航对于地形复杂、气候多变的我国西部高原机场意义重大,加装精密导航系统的飞机能突破机场目前限定的起飞天气标准和最低下降高度,大幅度减少天气原因导致的航班延误、返航现象,极大地增强了机场航运能力。

5.1.3 重点运输过程监控

重点运输过程监控管理服务示范系统是 2011 年 10 月启动的第一个"中国第二代卫星导航系统科技重大专项"示范工程,由交通运输部和原总装备部联合组织实施。该工程以现有全国重点营运车辆联网联控系统为基础,紧密结合北斗卫星导航系统的服务特点和建设进程,在交通运输部和天津、河北、江苏、安徽、山东、湖南、宁夏、陕西、贵州 9 个省(区、市)交通运输厅(局)的配合下,围绕道路运输车辆安全监管与服务应用领域开展示范系统建设。

该示范工程建设 7 个应用系统和 11 个支撑平台,其中 7 个应用系统为重点营运车辆日常运营规范性监管系统、重点运输过程运行数据分析系统、道路货运公共安全监管与服务系统、道路货运信息服务与物流系统、道路运输区域联网执法示范系统、道路应急运输指挥调度系统、运输企业综合应用系统。11 个支撑平台为视频交换服务平台、车载移动信息服务平台、区域及线路报警支撑平台、行车线路规划支撑平台、实时导航支撑平台、用户管理平台、北斗无线电测定应急保障支撑平台、运力调查采集平台、事故后期分析平台、二次开发平台、仿真测试平台。

重点运输过程监控管理服务示范系统的实施拓展了北斗卫星导航定位技术的应用范围，提高了北斗卫星导航系统在交通运输行业的应用水平，夯实了北斗卫星导航系统在交通运输行业的推广基础。在交通运输行业广泛应用北斗卫星导航系统，有利于保障道路运输安全、加强应急处置能力、规范道路运输经营行为、提升行业服务水平、提高道路运输管理技术水平和信息化水平，同时对于在关系国计民生的行业领域降低对国外卫星导航系统的依赖程度、促进自主卫星导航系统的广泛应用具有重要意义。工程实施带动了一批模块、终端等设备生产制造企业进入北斗市场领域，通过实际应用促进北斗终端相关软硬件设备不断改进，提升性能指标。大规模的行业应用带动了整个北斗产业规模化发展，推动北斗设备价格进一步降低，增强北斗设备的市场竞争力。

5.2　智慧城市领域应用

2008 年 IBM 公司的首席执行官彭明盛(S. J. Palmisano)提出了“智慧地球”(smart planet)这一概念，其主要内容是把信息技术充分应用到各行各业中，即将传感器嵌入医院、电网、铁路、桥梁、供水系统、油气管道等分布在全球各角落的各类物体中，使其普遍连接形成物联网，而后将互联网与物联网连接起来，通过超级计算机和云计算对所收集的大量数据进行高级运算和精准呈现，使人类能够更加精细地管理生产和生活，从而使全球达到一种“智慧”的状态。智慧地球有六大智慧解决方案:智慧城市、智慧电力、智慧医疗、智慧银行、智慧供应链和智慧交通。作为智慧地球的重要组成部分，智慧城市不仅可以提供未来城市发展新模式，而且可以带动新兴产业——物联网产业的发展，因此，世界各个国家和地区纷纷将建设智慧城市作为应对金融危机、扩大就业、抢占未来科技制高点的重要战略。

智慧城市是通过综合运用现代科学技术、整合信息资源、统筹业务应用系统，促进城市规划、建设、管理和服务智慧化的新理念和新模式，对于加快工业化、信息化、城镇化和农业现代化融合，提高人民生活质量和促进城市可持续发展具有重要意义。李德仁院士给出了一个公式，即智慧城市＝数字城市＋物联网＋云计算，得到广泛的认可。智慧城市分为两个阶段，即数字城市阶段和物联网阶段。数字城市阶段，是把物理城市搬到互联网上，实现数字化，可以说是智慧城市的初级阶段;物联网阶段，是将数字城市和物理城市进行关联，达到融合互动，从而实现智能化。

数字城市是综合利用卫星导航系统、地理信息系统、遥感系统(此三者也被合称为 3S)及互联网等信息技术，对城市基础设施和功能机制进行数字化、网络化、智能化和可视化的城市综合信息系统。数字城市是城市信息化的战略目标和城市现代化的重要标志，更是社会信息化建设的关键环节，正在日益成为各国高科技发展和城市建设的关注重点。随着 3S 技术的成熟，我国数字城市的建设早已步入实质性阶段，并取得了一系列成果。数字政务、数字交通等搭建起城市地理公共服务平台，实现了城市在经济、社会和生态等各个层面的数字化、网络化。北斗卫星导航系统在数字城市中基础地理信息的获取和位置服务等方面发挥着重要作用。

物联网是通过射频识别系统、传感器、卫星导航系统、激光扫描器等信息传感设备，按约定的协议，把物体与互联网连接起来，进行物体与网络之间的信息交换与通信，以实现物体智能识别、定位、跟踪、监控和管理的一种信息网络。物联网的关键环节和组成部分可以归纳为“感知、传输、处理”，实现“及时、精确、全面”地获取和处理信息。物联网在逻辑架构上可以分为感知层、网络层和应用层。北斗卫星导航系统是实现定位、跟踪、监控和管理的技术支撑，在物联网中可以应用到感知层和网络层。

智慧城市的建设内容包罗万象，如城市的交通、医疗和环保等。凡需要定位及无线通信技术的环节，都可以使用北斗卫星导航系统。位置信息是智慧城市在感知层中非常关键的信息，只有掌握了位置信息，才能进行针对性的处理，北斗卫星导航系统在智慧城市的建设中有非常广泛的应用空间。

5.2.1 智慧物流

智慧物流是将射频识别、传感器和卫星导航等物联网技术通过信息处理和网络通信技术平台广泛地应用于物流的各个环节，实现自动化运作和高效率管理的一种应用场景。智慧物流概念的提出契合了现代物流的智能化、网络化、自动化、实时化的发展趋势，对物流业的影响将是全方位的。

利用北斗卫星导航系统，在物流车辆、中转环节设备中安装导航终端，并在导航终端上设置射频识别读写器和处理器；在买家购买商品后，自动生成一个射频识别电子标签，物流公司在接收货物后将电子标签贴于商品上。在物流过程的每一个环节中，货物的射频识别电子标签通过传感芯片与物联网系统进行信息传递，从而实现对物流过程的实时监控。货物损坏、丢失，甚至是谁在什么时间将货物搬运到什么地点都可以准确查出，使业务流程公开、透明地呈现出来。这不仅有效避免了一些人为的过错，同时也明确了各方的责任。

例如，将北斗卫星导航系统与物流企业的大数据优势相结合，通过对车辆速度和路线的实时监控，保障驾驶安全，同时，结合北斗卫星导航系统的地理位置数据进行深入分析，确定仓储和站点的位置信息，重置推算最佳的服务线路，实现物流运营效率的提升、运营成本的有效监控、消费者订单的透明追踪。依托于强大的北斗导航定位技术，物流系统可每30秒采集一次地理位置信息，每2分钟上传一次服务器，消费者可以随时通过手机查看商品配送轨迹和实时位置，大大提升了购物体验。基于北斗卫星导航系统的智能车辆管理系统，可实现车辆报表、驾驶员报表、驾驶员评分报表和事件报表等多套系统的智能数据生成，简便高效地获取包括瞬时车速、瞬时油耗、转速、发动机信息等数据，再通过系统的智能分析计算，统计车辆的行驶里程、耗油量、百公里油耗等指标，可实现对车辆和人员的行车路线、位置及时间、速度、里程和停车点的全方位动态监测，满足了管理决策科学化、保证交易安全、降低物流成本、提高物流配送效率的需求，从而最大限度地节约能源、减少排放。

5.2.2 智慧管线

燃气管网是城市重要的基础设施。北京市近年来持续利用北斗卫星导航系统开展精准检测，代替了以往人工排查的方式，减少了检修时间，提高了检修的效率及精准度。通过北斗高精准燃气泄漏检测系统对管网进行检测，可以更加快速精准地排查风险点，保障燃气设施的安全。

利用北斗高精度定位技术，将所有埋于地下的管线与卫星影像地图及航拍图叠加在一起，可以非常清晰地展示出城市地下埋着的这些燃气管网和地面建筑物之间的关系。燃气管网结合北斗精准时空数据，通过知识型大数据运算，进一步发挥管网数据价值，为管理决策提供支持，将燃气管网运营安全保障提升到了新的高度。

5.2.3　无人驾驶汽车

在 2022 年北京冬奥会、冬残奥会的举办过程中，北斗卫星导航系统的高精度定位技术被运用到场馆建设、赛场内外保障、运动员服务、观众观赛等多个方面。无人驾驶小型清扫车、无人驾驶小型配送车、无人驾驶中型巴士、无人驾驶大型清扫车、无人驾驶共享轿车等多种自动驾驶车辆，都是基于北斗卫星导航系统提供的厘米级高精度定位服务以及 5G 园区的建设，才能够实现运行。除此之外，基于北斗卫星导航系统，参赛运动员可以通过佩戴电子设备终端，进行实时位置监测与通信；场馆也可以通过北斗卫星导航系统实现应急救援、安保监测等。

2020 年，国家发展和改革委员会、中央网络安全和信息化委员会办公室、科技部、工业和信息化部、财政部等部门联合印发《智能汽车创新发展战略》。到 2025 年，中国标准智能汽车的技术创新、产业生态、基础设施、法规标准、产品监管和网络安全体系基本形成。所谓智能汽车，是指通过搭载先进的传感器、控制器、执行器等装置，进行智能信息交换，具备智能的环境感知能力的新一代汽车。智能汽车通常又称为智能网联汽车、自动驾驶汽车，能够自动分析行驶的安全及危险状态，并按照人的意愿到达目的地，最终实现替代人来操作的目的。北斗高精度定位技术是智能汽车感知与高精度地图采集的关键基础技术，可以说，北斗卫星导航系统在智能汽车发展的过程中发挥着重要作用。同时，随着 5G 技术的快速发展，5G 和北斗卫星导航系统强强联手，建成了高精度定位系统，通过 5G 网络连接形成北斗地面基准站网络，实现厘米级精度定位。

第六章　农、林、渔业领域应用

6.1　精准农业领域应用

精准农业是现代农业发展的新潮流、新模式，也是实现农业可持续发展的重要途径。其技术思想就是在农业生产过程中，充分获取作物和环境信息，因地制宜地做出决策，并准确地付诸实施，以节约投入、增加产出、提高要素利用率、减少环境污染为目的。精准农业的特点是定点、定时、定量。农业生产的每个环节，如整地、播种、施肥、追肥、植保和收获，都渗透着精准农业技术。卫星导航定位技术是精准农业思想得以实践的必要技术条件，卫星导航系统能够提供实时、精密、连续的定位、导航与授时能力，实时动态（RTK）测量技术在精密农业中的应用日益广泛。基于北斗卫星导航系统的农机作业监管平台，已实现农机远程管理与精准作业，服务农机设备超过 5 万台，精细农业产量提高 5%，农机油耗节约 10%。农业对卫星导航定位技术的需求如表 6.1 所示。

表 6.1　农业生产对卫星导航定位技术的需求

应用领域	定位精度	连续性	可靠性
自动驾驶	±2.5 cm	极高	极高
对行施肥	±2.5 cm	极高	高
农田测绘	±5.0 cm	一般	高
挖沟铺管	±2.5 cm	极高	高
卫星平底	±2.5 cm	极高	高
深耕测控	±3.0 cm	高	一般
产量监控	±1.0 m	一般	一般
信息采集	±1.0 m	一般	一般
土壤采样	±1.0 m	一般	高
变量控制	±1.0 m	极高	高
飞机导航	±1.0 m	极高	一般
作业检测	±10 m	高	一般
调度导航	±10 m	一般	一般

北斗卫星导航系统在精准农业中的主要作用体现在以下几个方面：

(1)为农机设备的运行控制提供实时、高精度定位和导航信息，有效提高农机作业质量和作业效率。实现农业机械的自动驾驶，从而有效提高播种与农药施用精度，减少作业重叠和遗漏，提高土地利用率。使用自动驾驶导航系统，农民可以不受时间和气候的限制，不必日出而作、日落而息，为了抢农时，在夜晚或能见度较差的情况下也可以作业。

(2)为农田及作物状态信息的获取提供位置信息，为精准农业实施变量作业提供必要条件。卫星导航定位技术与农田信息采集技术相结合，可以实现定点采集和分析农田及作物状态信息，如农田中的肥力、水分状况、病虫害和杂草情况，以及产量的分布情况，生成农田及作物状态分布图，以便辅助人们做出相应的决策并付诸实施。

(3)为农机设备提供实时位置信息，使得农机设备可以调用相关作业任务信息，实现行进间变量投入，从而实现按需投入水、种子、肥料和农药等生产要素，既保证了作物的生长需求，又节约了投入和减轻了环境污染。

(4)为农业生产提供远程管理手段，基于农机位置、工况等参数，实时监控农机位置、统计作业进度、防范非计划性作业等，形成农机作业档案，实现农机作业的精细化管理。

6.1.1　农机自动驾驶导航系统

基于卫星导航定位的自动驾驶导航系统直接驱动拖拉机的转向系统，除田间掉头外，在农机作业时可以代替人工操作方向盘，实现自动驾驶。农机自动驾驶精细耕种系统一般包括农业机械精准控制系统、指示作业系统、北斗高精度定位系统三个部分。RTK 测量技术为农机自动驾驶精细耕种系统提供高精度的位置信息，实现农机高精度精细耕种作业。

自动驾驶导航的基本工作原理是：在导航显示终端中，设定导航线，通过方向轮转角传感器、GNSS 接收机、惯性导航系统获取拖拉机的实时位置和姿态，计算拖拉机与预设导航线的偏离距离和航向，然后通过导航控制器，驱动拖拉机的转向系统，即时修正拖拉机方向轮的行驶方向。自动驾驶导航系统在拖拉机的作业过程中，不断进行“测量—控制”动作，使得拖拉机的行驶线无限接近期望和预设的作业路径。

黑龙江省人均耕地面积大、土地规划好、农田相对平整、机械化水平高，其农业集约化水平较高，在推广精准农业方面具有得天独厚的优势。2019 年，黑龙江省某种植户引进了具备自动导航驾驶功能的农机设备，依托北斗卫星导航系统提供的高精度定位信息，可实现农机快速、平稳、准确地自动进行上线、校正、行进，同时还可用于起垄、播种、喷药等精准化、智能化田间作业。在操作过程中，种植户只需一台电脑甚至一部手机，提前设置好程序，利用北斗卫星导航系统，锁定农机位置、规划行驶轨迹、控制作业精度、统计作业面，农机即可按照预设路径自动驾驶。具备自动驾驶功能的农机切实增强了作业精度，提高了作业效率，延长了作业时间。并且，农机播种时不会出现漏播、重播等情况，套种时还不会伤苗，提高了土地利用率和产量。就像普通车载导航规划路径一样，基于北斗卫星导航系统的小麦无人播种施肥一体机，可指导小麦生产耕、种、管、收的全流程。智能机械替代了人工，同时种、肥、水、药的施用量更精确，使用的部位也更准确，实现了产量翻倍，节省了不少成本。

哈尔滨市某合作社实施精准农业技术起步较早，技术水平国内领先，采用基于北斗地基增强系统的 RTK 测量技术，农户不需要架设任何基准站，只需要开机并输入所耕作地块的编号，装配在农机上的用户终端设备就能够自动登录基于北斗地基增强系统的农机自动驾驶导航系统；不受基准站电台信号覆盖范围的限制，北斗地基增强系统与农机用户终端之间的通信通过无线网络完成，只要作业地块在无线网络信号覆盖范围之内，就能够享受到北斗地基增强系统提供的差分增强服务，且对其他通信系统不产生干扰，支持大范围内的稳定数据传输服务，同时作业农机数量不受限制。采用基于北斗地基增强系统的 RTK 测量技术的农机自动驾驶导航系统代表了精准农业技术未来的发展方向。据统计，利用卫星导航进行自动驾驶和播种，可节省聘请播种机手薪酬支出 60%，增加机组经济收入 20%～30%，每亩增加收入 60～90 元，土地利用率至少提高 0.5%～1%，作物产量提高 2%～3%。

无人驾驶插秧机上使用了北斗卫星导航系统提供的高精度定位服务后，在设定好的作业区域自动规划插秧路线,无须人员驾驶和操作即可保证插秧机能够按照规划的路线准确行驶。例如,在广东湛江,面积将近550亩的水田往常至少需要3个人工作15～20天才能够完成全部的插秧作业;而现在,工作人员只需要设定好参数,北斗无人驾驶插秧机就自动开始作业,不到10天就完成了所有的工作。与传统的插秧机相比,无人驾驶插秧机具备不受光线干扰、可以夜间作业、作业质量高等特点,其工作效率提高20%以上,人力成本节省50%以上,也减少了作业中的秧苗浪费。

6.1.2 无人机喷药

农业病虫害已成为中国农业稳产高产的重大威胁。随着中国农业现代化进程加快,农业新型经营主体快速发展,农村劳动力短缺现象日趋严重,用工成本急剧增加,现有的植保方式已难以适应大面积、突发性农业病虫害防治的需求。与传统的人工喷药和地面机械喷药方法相比,农用无人机喷药的作业成本低、效率高,尤其适用于大面积农田和高秆作物。通过采用基于北斗地基增强系统的RTK测量技术,无人机喷药的全过程可在飞行控制系统和喷雾系统的控制下自动完成,用户无须另外架设和标定基准站,只要开启遥控器、连接移动通信网络,即可获得北斗地基增强系统发出的数据,实现无人机厘米级的定位与喷洒,实现航线轨迹精确可重复,以及智能规划作业,避免重喷、漏喷,让人药分离成为可能,不仅操作简便,而且不用担心人员中毒、伤亡等重大作业事故的发生,提升了作业效果。RTK测量技术在无人机喷药中的作用归纳为四点:航线精准、远程控制、精准喷洒、安全稳定。例如,在新疆阿克苏市,借助北斗卫星导航系统,植保无人机能按照提前规划好的线路自主飞行,且作业精度误差不超过10 cm;阿克苏市棉农采用北斗无人机喷药的方式,替代了以往效率低、损伤棉花的传统方式,省时省力的同时还节约了成本。

6.2 林业资源管理领域应用

林业资源是我国资源的重要组成部分,不仅具有经济价值,而且在生态环境平衡中起关键作用。林业部门是生态建设的主体,肩负着建设和保护森林生态系统、保护和恢复湿地生态系统、治理和改善荒漠生态系统以及维护生物多样性的重要职能。加强林业资源管理在改善生态环境、净化水资源、降低生态污染等方面有着极其重要的作用。

我国林业资源分布范围广泛,在管理中存在很多盲区,效率低,应急反应能力弱。北斗应用能大大提升林业野外巡护、野外调查、采伐和造林作业设计、林权勘界、森林防火、病虫害防治、森林旅游等方面的能力。采用北斗卫星导航系统装备可为现代林业建设提供强大的科技支撑,对发展我国生态林业和民生林业、推进生态文明建设具有重要意义。

6.2.1 林业北斗应用示范框架

林业北斗应用示范建设充分借鉴“北斗+”和“互联网+”思维,将北斗应用示范工程建设和林业行业现有的信息化建设的设施、数据、平台、应用系统相结合,遵循资源整合、共享共建、技术推动、便于推广的建设思路,集成卫星导航、云计算、移动互联网、大数据、物联网等先进技术,广泛利用各种资源,依照行政推动与市场运作相结合的机制,发挥各种优势,采用典型示范引路、以点带面、整体推进的建设策略,实现北斗卫星导航系统在林业的规模化使用,提高林业资源监管能力和信息化水平。

林业北斗应用示范主要包括林地年度更新系统、生态公益林巡护管理系统、林火巡护管理系统、林火应急指挥系统、保护区巡护管理系统共五个业务。按照应用模式可分为三类，分别是调查勘测类、巡护监管类、应急指挥类。北斗林业综合应用服务平台为北斗卫星导航系统在林业应用中提供基础地理数据与空间信息支持以及数据采集与汇集、数据存储与展示、综合通信服务、数据共享与交换、应用服务管理等服务。

6.2.2　森林资源监测与防火

森林资源调查是森林资源管理的基础性工作，在世界各国都得到了高度重视。随着科技的发展，森林资源调查的手段不断增加。例如，利用遥感、地理信息系统、北斗导航定位技术支撑森林资源连续清查（一类清查）、森林资源规划设计调查（二类调查）及年度更新调查，利用北斗终端在野外实现小班、样地、样木的导航、定位、勘界、测量及各种数据采集。

将北斗应急指挥终端、车载终端、手持终端应用于森林防火监控及应急指挥，可实现森林火灾动态监测与管理，提高森林防火装备水平，以信息化建设推动森林防火现代化，为减少森林火灾发生和减少火灾损失提供有力技术支撑。森林防火强调“早预警、早出动、早扑灭”，然而靠传统方式很难及时发现火源，部署森林生态监控系统，则可以确保火灾“早预警”。当森林生态监控系统发现火情之后，出动消防无人直升机，利用北斗卫星导航系统进行高精度定位导航，使用高效能灭火剂进行空中喷洒，快速、彻底将火灾扑灭。

6.2.3　野生动植物保护

建立基于遥感、北斗导航定位和地理信息系统等技术的野生动植物保护信息系统，可以及时掌握野生动植物保护现状以及动态变化情况，提升野生动植物调查、巡护、跟踪与定点监测、执法监管等能力。

用于野生动物保护的北斗卫星定位项圈已成功应用于藏羚羊、大熊猫等的监控，项圈上装有天线、电池、北斗模块和微控制单元，具备定位、导航和授时功能。项圈采用低功耗、双天线设计，提升了在密林环境下的定位成功率，工作时间长达两年，可远程设置定位频度，还可以设置定时脱落或者远程控制脱落。

6.3　渔业领域应用

我国是渔业大国，渔船总数约为50万艘，从事渔业生产的有1 000多万人。长期以来，海洋渔业生产缺乏有效的海上通信手段和救援手段，船只在出现险情时无法得到及时救助，而且由于渔船质量和管理水平相对落后，出现了一系列渔业生产安全问题。近年来，为有效地保护渔业资源，保障渔民生命财产安全和渔民利益，渔业管理部门积极开展渔业安全生产保障工作，在我国海洋渔业渔船管理方面利用无覆盖盲区的多种卫星通信技术和导航技术，建立了我国的海洋渔业综合信息服务体系。

海洋渔业是北斗民用规模较大的行业，这是因为它不仅关系到渔民生命安全，更关系到国家海洋经济安全、国家海洋资源保护和海上主权维护。北斗卫星导航系统的主要功能为导航和双向通信，其在海洋渔业中的推广使用具有重要战略意义。在中远海渔业领域，北斗卫星导航系统不仅可以代替 GPS 提供导航定位服务，而且可以取代海事通信卫星提供价格更低的通信服务，这体现了北斗卫星导航系统的独特优势。北斗卫星导航系统最主要的特色在于它不仅能为用户提供定位服务，还具有通信功能。因此，北斗卫星导航系统可为渔业管理部门和渔船提供船位监控、紧急救援、信息发布、渔船出入港管理等服务。基于北斗卫星导航系统的海洋渔业综合信息服务体系主要包括渔船安全生产保障系统、渔业生产服务系统和渔业监测管理系统。

6.3.1 渔船安全生产保障系统

1. 渔船船位监控系统

渔船船位监控系统分为船载卫星终端、卫星链路、地面站、监测指挥中心及渔船船位监测系统网站。其中，船载卫星终端获取船舶航行状态数据，经过卫星链路和地面站传送到监测指挥中心，监测指挥中心可以保存并处理卫星传来的数据。此外，渔船船位监测系统网站具有丰富的图形操作界面，使得企业和各级行政部门能够便捷地获取渔船的动态信息。该系统覆盖范围广，可全天候工作，可靠性高。

渔船船位监控系统使渔业管理部门获得了渔船船位监控和紧急救援指挥的管理手段，此外还提供了渔业政策发布、海上台风通告等功能。在通信方面，该系统可以为渔业生产作业者提供自主导航、遇险求救等安全生产服务，同时可以实现船与船之间、船与渔业管理部门之间的双向消息互通，降低碰撞事故的发生率，在船舶遭遇险情时进行及时、有效的救援，改善和提升渔业管理部门应急组织、指挥、协调能力，提高海上搜救的效率和成功率。

2. AIS 船舶救生用定位装置

船舶自动识别系统(automatic identification system，AIS)作为海陆通信的重要工具被广泛使用，正逐步变为海上信息交换的关键手段。船舶自动识别系统可发送船舶自身信息，包括位置信息和其他信息来实现相近的船舶提醒及距离警示，是船舶防撞的新方法。基于北斗卫星导航系统的渔船 AIS 系统，以 AIS 标准为基础，采用北斗卫星接收模块为定位源，并装备了北斗短报文通信模块，实现了短报文通信服务。

6.3.2 渔业生产服务系统

1. 智能捕捞系统

智能捕捞系统具有专业性、整体性、时间性以及空间性，能从与各种信息网络的对接上获取大量的有关资料，可帮助人们认识和解决在海洋捕捞中遇到的各种问题，并做出决策和预测。通过对船位数据的分析，判断出渔船的航速、航向，从而对渔船捕捞的时间段进行分析，计算在某个区域的累计捕捞时间，然后结合渔船功率计算拖网捕捞量，通过拖网里程可计算扫海面积，最终统计出每艘渔船的捕捞时间、区域、捕捞量等指标，评估渔船的作业状态，还可以计算船舶的燃油补贴等有关指标。

2. 渔业交易信息服务系统

渔业交易信息服务系统由船载北斗卫星导航系统、北斗地面运营中心、网络设备和渔业交易信息服务中心等构成。在使用多种网络通信手段的同时使用北斗短报文通信，可使渔民们实时发布供货信息，也可使渔业交易信息服务中心便捷地收集、整理、更新、保存、搜索和推荐渔业交易信息。购买者能够及时了解渔业供货和价格信息,可以采用预定、线下或线上支付等方式进行交易,大大提高了渔业交易市场的运作效率。全方位通信服务使渔民能够实时获得渔汛信息、市场价格和天气情况,并将渔获信息快速发布出去,使得渔业生产更为高效,交易风险大大减少,同时也使渔民获得更高的收入。渔民可以尽快获得市场信息,在缩短交易时间的同时也减少了交易成本。

6.3.3　渔业监测管理系统

北斗卫星导航系统为各渔业管理部门加强对渔船的规范化管理提供了有效的科技手段,能及时阻止渔船在伏季休渔期从事非法捕捞生产。通过分析导航数据中渔船位置信息与专属经济区、渔业协定区、许可捕捞区之间的位置关系,判断渔船是否在捕捞许可证规定范围以外的海域捕捞,同时也可以通过时间和位置信息来判断渔船是否在休渔区进行非法捕捞。渔业管理部门还可以通过北斗卫星导航系统及时向海上渔船发送海况和政策法规,指导和培训海上渔业生产,有效规范捕捞行为。

基于北斗卫星导航系统的船联网总体架构分为船感器、网络连接层、公共服务平台等三层。其基本原理是在各类船舶统一标识的基础上,通过加装或利用已有的终端设备,采用射频识别技术、甚高频通信技术、船舶自动识别系统、卫星移动通信技术、北斗卫星导航系统、扩频技术等实现互联互通,在互联网、内网或专网的环境下,为各类船舶用户群提供船位监控、调度指挥、安全服务、电子商务、信息服务等管、控、营一体化服务。

6.3.4　海洋渔业综合信息服务体系的作用和意义

海洋渔业综合信息服务体系具有遇险报警、搜救协调通信、救助现场通信、现场寻位、海上安全信息播放、常规公众业务通信、驾驶台对驾驶台通信等功能,已经在我国海洋渔业安全监管领域得到了迅猛的发展。在国家各相关部门和地方政府的支持下,沿海各省(区、市)渔业管理部门相继开展了海洋渔业安全生产项目建设,切实保障了广大渔民的生命财产安全,促进了海洋渔业和谐发展。其作用和意义主要体现为以下四个方面:

(1)北斗卫星导航系统提高了渔船的应急能力。

渔船出海后,如果能够在第一时间发现危险海域以及恶劣天气,那么渔船的安全性会大大提高,而北斗卫星导航系统在渔业上的应用大大提高了渔船的出海安全系数。该系统能够使渔船公司随时掌握渔船的位置与信息,大大提高了相关部门对渔船的监督与管理力度。如果渔船在海洋上遭遇危险,渔民也可以通过渔船上的卫星通信导航系统在第一时间把遇险报告发送到监控部门,监控部门接到报告之后也能够通过该系统寻找在海洋上与遇险渔船相距最近的船舶,并且与之取得联系,在最短的时间内组织营救,从而使遇险渔民的获救概率大大提高。

(2)北斗卫星导航系统促进了渔业的信息化、现代化管理。

一方面,通过北斗卫星导航系统,管理部门实现了渔船的实时监控;另一方面,管理部门也能够随时对出海渔船下达指令。这大大加强了对渔船的管理,能够在第一时间阻止渔船的非法捕捞,也能够发送海面上的天气状况信息,提高渔船躲避危险的能力。以前渔民出海后,与陆地联系十分不便,渔民家人往往很长时间内无法得知渔民的情况。但通过海洋渔业综合信息服务体系,渔船与陆地的联系更加容易,渔民可通过北斗卫星导航系统的短报文通信功能,实现与陆地手机互发短信的功能，大大提高了通信的便利性，在一定程度上提高了渔业的工作效率。

(3)北斗卫星导航系统维护了中国的海洋权益和人员财产安全

中国管辖海域面积辽阔，但由于我国在海洋上与韩国、日本、菲律宾等国家相邻，我国渔船与他国的纷争时有发生，有时渔船遭到扣押，也有渔民死亡或者失踪事件发生，给我国渔业带来了巨大的损失，也给我国渔民的生命安全带来了巨大的威胁。北斗卫星导航系统的应用，为当地政府和渔船之间建立了有效的通信手段，政府可以通过该系统对在敏感区域作业的渔船及时提出警告。与此同时，我国渔船在受到骚扰时，政府也可以及时掌握情况，调解争端。

(4)海洋渔业推动了北斗卫星导航系统的规模化应用。

我国海洋渔业广泛应用了北斗卫星导航系统，这在一定程度上带动了北斗卫星导航系统应用的发展，更促进了相关产业的规模化应用。北斗卫星实现了渔业信息和陆地信息的联动共享，提高了渔业的安全化与信息化，高效整合了海洋渔业的信息资源。

第七章　通信、电力、金融领域应用

7.1　通信领域应用

高精度星载原子钟和高精度地基时间尺度，是保障卫星导航系统高精度和可靠稳定运行的基石，是系统的核心技术之一，卫星导航信号的载波（频率和相位）、编码的帧信号（速率和帧的上升、下降沿）无不具有高精度的频率（源）和时间（时刻、相位）。因此，这些信号成为传递标准时间（包括协调世界时标准频率）的最佳手段和工具。国际电信联盟和开发卫星导航系统的各国，都把授时业务作为卫星导航系统的功能之一。

精确的时间同步对涉及国家经济、社会安全的关键基础设施至关重要，通信系统的有效运行必须依赖于高精度的时间同步，我国已明确了在涉及国家经济、公共安全的重要行业领域必须逐步过渡到以北斗卫星导航系统为主兼容其他卫星导航系统的服务体制，因而北斗高精度授时的行业应用需求规模将会非常可观。随着现代科技的发展，通信领域对时间的精度要求越来越高，尤其是当需要远程网络授时时，北斗双向授时精度可以满足精度需求。下面介绍北斗卫星导航系统在通信领域的应用情况。

7.1.1　通信系统时间同步网

北斗卫星导航系统提供的授时、定位、导航和短报文通信四大服务在通信网络中都得到了广泛应用，但主要还是聚焦在时间同步方面。我国的通信网已基本实现了数字化，为了保证整个网络的正常运行，提高网络服务质量和增强网络功能，必须依靠时间同步网提供高质量、高可靠定时基准信号。时间同步网是通信网必不可少的重要组成部分，其主要作用是为电信网的各个网元提供与协调世界时一致的精确时间信号。它是以时间服务器为节点传递时间信息的网络，采用树形主从同步结构，通过时间编码同步、拨号等方式分配时间信息，主要由节点时间同步设备和时间同步链路共同组成。时间同步可以分为三个过程：

(1)时间获取。通过卫星定时终端实现高精度协调世界时的获取。

(2)时间传送。将时间信息从高级时间同步设备传送到低级时间同步设备，以及从时间同步设备传送到需要时间同步的通信设备。

(3)时间分配。设备通过适当的手段实现时间同步。

一般情况下，时间同步网采用分布式多基准钟的组网方式，根据基准钟的同步范围划分同步区，每个同步区设立区域基准钟，每个同步区内采用主从同步方法。区域基准钟的基准为GNSS定时型接收机，备用基准为全网基准钟；区域基准钟以接收定时信号为主，以接收全网基准钟为辅。

移动通信网络是由多个基站组成的蜂窝覆盖系统，为了降低基站之间的干扰和保持基站之间的同步运行，须使多个基站设备的参考时钟保持一致，并需要精密的授时时钟同步。时钟同步包括频率同步和相位同步，表7.1列出了不同无线接入技术对时钟的同步要求。为了使移动通信基站之间的时钟同步，当前主要采用导航卫星授时作为同步时钟源。

表 7.1　不同无线接入技术对时钟同步的要求

无线接入技术	频率稳定性	时间、相位精度/μs
GSM	±0.05	
UMTS	±0.05	
TD-SCDMA	±0.05	±1.5
CDMA2000	±0.05	±1.5
LTE FDD	±0.05	
LTE TDD	±0.05	±1.5

5G 移动通信系统的应用场景日益多元化，对时间同步的各项指标也提出了极高的要求。例如，4G 移动通信系统网络时间同步需求为±1.5 μs，而 5G 移动通信系统网络时间同步需求为±130 ns，频率同步需求为 10^{-13} 量级；网络基准主时间设备的时间同步要求为±30 ns，长期频率准确度为 10^{-13} 量级。这些都给 5G 移动通信系统的正常运行和各类增值服务带来了巨大挑战。所以必须依托国家标准时间，应用北斗卫星，将国家标准时间引入通信系统，建立 ns 量级时间服务网络，为通信系统时间同步网内的所有节点提供分级授时服务，满足不同终端的时间同步需求，使全网任意节点间的时间同步精度优于 30 ns，并能通过中心或区域节点，监控全网节点的时间同步性能，为 5G 通信提供时间同步综合解决方案。

相对于 4G 移动通信系统，5G 移动通信系统具有以下新的同步需求特点：

(1)同步需求精度更高。5G 移动通信系统既有 μs 量级的基本业务同步需求，也有 100 ns 量级的协同增强技术同步需求，还有其他新业务的更高精度同步需求，基站直接通过普通卫星接收机单站授时难以完全满足要求。

(2)同步应用场景更加复杂。5G 移动通信系统的一大特点是部分应用场景基站部署密度大，随着中国城市化不断推进，室内基站占比增大，将会存在大量无法获取卫星信号的 5G 基站部署场景。

(3)同步的安全可靠性要求更加严格。同步是确保 5G 移动通信系统安全、可靠运行的前提，鉴于 5G 移动通信系统本身及其所支撑业务的重要性，对时间同步的安全、可靠性也提出更高的要求。考虑到卫星信号受到无意或有意干扰导致失效的情况越来越多，卫星信号被攻击的案例时有发生，5G 同步完全依赖卫星授时将会带来极大的安全隐患。

(4)成本方面更加敏感。5G 基站部署规模大，若每个基站均加装卫星接收机，设备投资和运维成本巨大，而通过承载网络带内方式可实现地面高精度同步组网，建设与运维成本相对较低。

因此，为满足 5G 移动通信系统的同步需求，解决卫星覆盖盲点问题，提升安全可靠性，节约建设和运维成本，除了基站卫星授时之外，还需要研究建设自主可控、安全可靠的高精度时间同步网。

7.1.2　时间同步网构成

北斗卫星导航系统为通信行业提供授时服务，包括时间同步网以及基站的授时。通信网络的时间同步网由节点时钟和传递同步定时信号的同步链路构成。从时间同步网的构成看，第一级和第二级都使用了北斗卫星导航接收机进行时间同步，两级时间同步设备输出接口的精度应分别优于±5 μs、±0.5 ms。

中国电信的 CDMA2000、中国移动的 TD-SCDMA 以及 4G 的 TD-LTE 均是基站同步系统，其时间同步要求均为 $\pm 3\ \mu s$，原网中的基站基本上都采用 GPS 授时，以达到时间同步要求。据统计，CDMA2000 基站中的 GPS 模块超过 10 万个，TD-SCDMA 基站中的 GPS 模块超过 50 万个，4G 基站的卫星授时模块超过 90 万个。

时间同步网在传统通信系统中的具体应用包括通信计费、网间结算、软交换网络、信令监测、数据中心网络、传输网络、智能网业务平台等。随着通信技术的不断发展，各运营商已逐渐成为全业务运营商。移动通信业务作为当今发展最快的通信业务，是各通信运营商的用户市场核心，也是建设投入的重点。

北斗授时终端在移动通信系统中的部署方案可以分为两种。第一种是把北斗授时接收系统部署在移动通信系统的网点、站点，北斗接收天线处在露天环境中，通过抱杆固定，信号通过配线引入站点的机房内，再引入防雷箱，之后再发送到基站的基带单元。如果一套北斗接收终端同时为两套基带单元授时，需要中间加一个功分器。这种部署方案的主要优点是不依赖移动通信网络本身，独立性比较强。原来国内 3G、4G 和部分 2G 网络的卫星导航系统授时基本上采用这种方案，但这种方式需要投入终端、物料和工时来建设。部分站点的天线和机房距离较远，工程量较大。在境外工程中，私有物业可能不允许施工。第二种部署方案是基于 1588 授时协议进行部署。1588 授时协议的全称是"网络测量和控制系统的精密时钟同步协议"。这种方案采用服务器和客户端的同步方式，在核心机房或中心机房部署一个服务器。同步时钟源可以是北斗授时也可以是电子时钟或者其他设备，如果以北斗授时为时钟源给主服务器进行授时，则通过骨干网把这个报文传到基站。该方案的基本原理是主时钟周期性发布点到点的时钟同步协议以及时间信息，系统根据事件信息计算主从线路的延时及时间差，利用时间差来调整本地时间，使主从设备保持频率和相位一致。其部署分为单波和多波两种方式，采用多波方式部署时，需要传输网络能支持并转发多波报文，对传输网络要求很高。也可以在站点采用北斗授时结合线路时钟的方式，其中一个为主时钟，另一个为备用时钟。

7.1.3 "北斗＋5G"融合应用

5G 正在引领由万众互联向万物互联的伟大变革，国际电信联盟提出了 5G 的增强带宽、海量连接和超低时延三大特性。5G 的泛在连接属性将汇聚海量设备，组成一张实时在线的泛在互联网络，既包括人与人之间的交流连通，又包括物与物之间的组织协同，更包括人与物之间的感知交互。5G 的超低时延属性将提供毫秒级的传输服务，因而可以承载各种精密的控制指令，使得工业自动化、远程手术和远程驾驶等技术得以发展突破。

北斗卫星导航系统能提供实时导航、快速定位、精确授时和位置报告等功能，与目前各个行业对于人员设备的精准位置需求高度契合。2020 年，我国的 5G 网络已开始商用，北斗三号卫星导航系统也已经完成全球组网。5G 的增强带宽、海量连接和超低时延的通信互联能力，可为各行业提供即时泛在的通信服务。北斗卫星导航系统与地基增强系统的高精度定位能力，可为各领域特别是运动场景中的终端提供实时、厘米级的位置信息。因而 5G 与北斗高精度定位的融合，将实现智联万物在空间上的精准协同。

早在 4G 时代，基于位置服务就推动了共享出行的崛起与发展。5G 将与北斗卫星导航系统一起筑造出国民经济时空互联体系的基石，并与人工智能、物联网和大数据等智能化、信息化技术进行深度融合。以"融技术、融网络、融终端、融数据"为核心，形成"北斗＋5G"的技术融合与创新，推动传统行业的信息化和智能化改造。5G与北斗卫星导航系统的融合应用主要包括网络融合、定位融合、数据融合、终端融合。

1. 网络融合

5G网络与北斗高精度定位所需的地基增强系统网络均需要在全国范围内部署设备，因而在站点维护上天然存在着融合优势，因此可以从两张网络的建设部署和运维监管上进行融合。

在部署方面，国内已经部署的4G基站超过500万座，其单站的覆盖半径为1～2 km，2019年部署15万座5G基站，至2024年12月我国已建成开通5G基站总数超过410万座。而对于地基增强系统中所部署的基准站，由于大气层的模型参数在一定范围内差别较小，因此其单站的覆盖半径通常为30～50 km，但定位精度会随着站间距的增加而降低。

在设备方面，5G基站包括基带处理单元与射频收发单元，其中基带处理单元需要部署在基础设施完善的机房里，而射频收发单元需要部署在视野开阔的区域，设备包括卫星导航信号接收机和高性能的扼流圈天线。为保证定位精度，需要在地质构造稳定区域建设稳定可靠的观测墩，用以固定基站天线位置。

因而在建网部署上，可以考虑在部署环境较好的5G基站站址同时部署基准站。将基准站的接收机设备与5G基带处理单元部署于同一机房，将扼流圈天线与5G射频收发单元部署于同一天区。这一融合部署方案，既可以复用基站的站址、机房、传输和供电资源等，以降低基准站网络的建设成本，又可以复用运营商高质量和及时响应的设备维护团队，降低基准站网络的维护成本，提升基准站网络的系统健壮性与稳定性。此外，采用这一融合部署方案可以极大地提升整个基准站网络的安全性至电信级别，这保障了国家地理信息基础设施的数据安全。

国际电信联盟提出5G网络的八大技术指标，其中包括峰值速率可达10～20 Gbit/s，端到端时延为10 ms等，这对5G网络的时钟同步系统提出了较高的要求。北斗卫星导航系统的精准时空体系可以为5G基站和网关等网络设备提供统一的纳秒级精度的时间基准，从而实现高精度的时钟同步。因此在建网部署上，可以考虑将基准站接收机的输出信号直接接入5G基站设备，还可以考虑将基准站的天线信号通过功分器接入5G基站设备的时钟单元。这一融合部署方案可以复用基准站的北斗授时功能，从而大幅提升5G网络的时间同步精度。

2. 定位融合

北斗卫星导航系统与地基增强系统所构建的高精度定位能力虽然可覆盖较广的区域，但仍存在局域遮挡导致的局部定位盲区。同时密集化部署的5G基站不仅可以有效地覆盖这些室外遮挡区域来补充北斗卫星导航系统在室外的盲区，而且可以全面覆盖北斗信号无法传达的室内区域，因而5G与北斗卫星导航系统在定位服务上的融合相辅相成。

在5G网络中采用了一些新的通信技术，如采用大规模天线阵列（massive multiple input multiple output，MIMO）和超密集组网技术（ultra-dense network，UDN）以提升频谱效率，采用毫米波频段以增加网络带宽。这些技术除了可以提升网络容量与传输速率外，还有助于5G定位技术的精度提升。5G网络采用了更大的传输带宽，可以更加有效地对抗多路径效应的影响。5G毫米波频段有着更窄的波束、更强的指向性，结合大规模天线阵列与波束赋形技术，可以提升定位测量的角度分辨率。

综上所述，利用5G网络的技术优势可以实现较高的定位精度，利用5G网络的覆盖优势可以实现对北斗高精度定位服务盲点的有效补充，从而打造出一张室内外场景全域覆盖的高精度定位网络。

3．数据融合

北斗高精度差分定位技术需要将基准站网络的卫星观测数据传回平台，将几个相距较近的基准站划分为1个网格单元，并在平台解算出全网的差分改正模型。同时根据定位终端上报的概略位置信息为其匹配在基准站网络中的网格，并将该网格的差分改正模型发送回终端，辅助其进行计算。由于大气层的改正模型在小区域内变化不大，因此该网格内的终端会收到同样的差分数据。在定位终端较少的情况下，对于移动通信网络的资源需求不多；当面向5G与北斗卫星导航系统所引领的智能化泛在连接网络中的海量设备时，对于通信资源的需求就会成倍增加。

目前差分定位改正信息的播发方式是基于移动通信网络用户面的点对点服务，以云上形式进行数据的透明传输，即基于用户面的数据播发。定位终端通过应用层协议访问高精度定位平台，进行本地概略位置上传与区域改正数下载，需要双向的通信流程。为降低空口资源开销，更好地融合5G与北斗地基增强系统网络，可以考虑采用移动通信信令的方式进行数据播发。高精度定位平台根据基准站网络的观测数据，生成各网格区域的差分改正模型，再按照网格区域与基准站覆盖区域的映射关系将各区域的定位辅助信息推送至相应的基准站，再由基准站向其覆盖区域内的终端进行广播。

基于用户面的数据播发需要进行双向通信，其上行链路需要用户以1 Hz的频率上报本地位置。而基于控制面的广播模式可以避开获取终端位置的环节，既可节省上行的传输链路资源，又可降低平台的高并发压力，同时可以提升终端位置信息的保密性。此外，在同一基准站覆盖范围内的多用户场景下，基于用户面的数据播发需要将同样的差分改正数据分别传输给各个用户，造成数据传输上的内容冗余。基于控制面的广播模式通过高精度平台的定期定向推送与基准站的定时播发，可以高效快速地完成差分改正数据的分发。面向智联万物这一宏伟蓝图中海量终端的位置服务需求，选用广播方式可使得5G为北斗卫星导航系统提供即需即取的高精度定位便捷服务。

4．终端融合

目前高精度定位终端的发展主要集中在测绘地理信息行业，其他领域份额逐年提高。受测绘地理信息行业规模和发展的限制，按照2018年全年约55万台卫星导航接收终端的体量计算，行业成本均摊不足。由于定位模块及高性能天线价格较高，导致终端价格成为高精度终端推广受阻、高精度定位产业发展受限的一个关键因素。相反的是，移动通信产业经过近几十年的发展，正在逐步走向成熟稳定。智能手机同时也是我国北斗卫星导航系统应用中最大的大众应用市场。而这些手机大多只包含卫星信号的接收单元，不包含差分解算算法，仅支持单点定位，再加上手机天线对于卫星信号的接收能力较弱，其定位精度较低。2017年，安卓系统开放了卫星信号原始观测量（包括载波相位、伪距、多普勒频移），因此使得将差分解算算法迁移至通用的计算芯片模组上进行位置解算成为可能。这种方案不仅可以将高精度定位终端大幅扩展至智能手机市场，还可以借助通用芯片的强大算力提升算法的定位精度与收敛速度，以弥补手机天线性能的不足。因此5G与北斗高精度定位在智能手机上的融合是可行的，既可以拓宽高精度定位的产业市场，又可以提升5G终端的定位性能，使智能手机这类设备成为信息化社会的又一大基础感知节点。这种基于通用芯片的高精度定位终端解算方案不仅会带来大众手机应用市场的繁荣，还会带来行业定制终端的全面爆发，为万物智联社会提供更为广泛的时空精准感知基础。

5G与北斗卫星导航系统是实现“国器自立，自主可控”的两大核心领域。5G网络提供的增强带宽、超低时延和海量连接能力与北斗卫星的高精度定位能力是智能化社会的重要基础设施。二者与人工智能和大数据等技术的融合发展，必将促进物联网和智慧交通等下游行业的快速发展与垂直应用的推广。

在物联网产业中，5G网络、北斗卫星导航系统以及大数据中心共同构成物联网产业的三大基础设施。在网络层面，物联网终端设备依靠5G网络稳定可靠的数据传输能力实现互联互通。在位置服务层面，海量的终端设备需要统一的时空基准以及精准的位置信息，才能构建出一张真实可信的物联网。在数据层面，人工智能、云计算和大数据技术的发展让信息处理能力快速提升。

在智慧交通产业中，5G网络连接人、车、路、网，构成国民经济大动脉，北斗高精度定位精准采集时空信息，通过与新技术的融合提升人车出行新效率。5G与北斗高精度定位在智慧市政、机场调度、机器人巡检、无人机巡查、车辆监控和物流管理等领域广泛应用，将进一步促进万物智联的应用普及和多样化发展。

7.2 电力领域应用

随着我国智能电网的发展，数字化、智能化装置被大量使用，电力系统中发电厂、调度中心及变电站内部均有大量的计算机监控系统、远程终端(remote terminal unit，RTU)、安全自动装置、保护装置、故障录波器等自动化设备。这些装置的正常工作需要统一的全网时间基准，实现全网的统一时标是智能电网发展中的基础性问题之一。

以前我国电力系统的时间源主要采用美国的GPS，但在非常时期，美国有可能关闭或调整GPS信号质量，这将引发我国电力系统的重大安全事故。采用我国自主研制的北斗卫星导航系统，是解决我国电网同步授时隐患的新途径。北斗卫星导航系统相对于GPS具有独特的优点：在高精度授时、短报文通信等方面均具有独特的优势，其授时精度优于20 ns，完全满足电力系统授时精度要求；北斗短报文通信可在极端故障条件下传输重要信息，有助于极端故障恢复；核心芯片目前已实现国产化，还可根据用户需求提供灵活的定制化服务。

采用北斗授时功能可实现严格意义上全电力系统的时间统一，利用北斗卫星导航系统的短报文功能，能够实现所有厂站端时间同步系统的远程监测和运行控制。北斗卫星导航系统在电力行业的应用主要分为电网时间同步、用电信息采集、电力运维调度、电力巡检抢修等。

7.2.1 电网时间同步

电力系统是国家的重要基础设施，是国民经济的命脉。电力系统的安全稳定是确保社会稳定的关键，而时间又是发电厂、变电站、调度所、交易中心等单位运行控制、事故分析、安全控制的基本要素。即使时间上微小的差错都会给电力系统带来不可估量的损失，人为篡改时间就可威胁电力系统的安全。

电力系统是时间相关系统，无论电压、电流、相角还是功角的变化都是基于时间轴的波形。电力系统目前建设有大量的卫星授时装置，为保护、自动化、安稳、故障录波、雷电定位、故障测距、信息化管理等提供高精度时间参考信号，要求时间偏差不大于1 μs。

电力系统的运行管理离不开大量的信息化系统，如果信息化系统的应用服务器与数据库服务器的时间不同，可能会出现以下几个方面的问题：

(1)不能保证数据的真实性，甚至会导致数据丢失。

(2)当设备发生故障时，不能根据设备日志有效地判断设备发生故障的具体时间，严重影响到处理故障的效率。

(3)系统日志服务器用户访问互联网的记录每秒高达几十条，每天日志量为 4 GB，当查询用户访问记录时，若系统日志服务器时间和北京时间出现偏差，则无法正确判断此用户真正访问的时间。

(4)影响网络流量管理、分布式文件传输以及网络安全。

基于北斗卫星导航系统的电力系统高精度授时及全网时间同步系统能够解决电力系统时间同步应用的三大难题：提供可靠的备用时钟源、实现全网时间同步和实现远程监测与维护。该系统不仅能全时段、全区域地控制电力全网内所有时钟的信息，实现真正意义上的全网同步，同时还能自动监视系统中各单位时钟状态，并进行主动干预和控制，实现真正意义上的电力全网时间同步管理和远程监控，进而解决了 GPS 固有缺陷给电力调度、生产带来的重大事故隐患。国家电网有限公司分别在 2009 年、2013 年发布了两项时间同步规范，从 2012 年开始每年以 2 000 多台的速度，对仅有 GPS 授时的装置进行改造，并且北京、上海、西安三个灾备中心均以北斗信号作为主时间源，提供精准的时间信息，覆盖率已经达到了 100%。电力系统时间同步方案如图 7.1 所示。

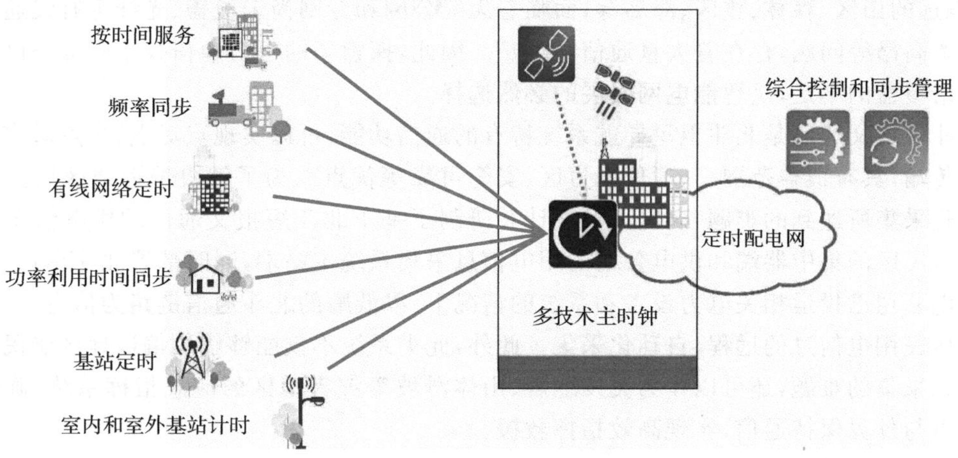

图 7.1　电力系统时间同步方案

7.2.2　用电信息采集

2001 年，智能电网的概念被美国、欧盟等国家、组织提出。科学技术的高速发展使建设清洁、安全、经济的智能电网的热潮逐渐兴起。智能电网的建设已经成为 21 世纪全球各国电网发展的新目标。将电子、通信、计算机、信息管理和可再生能源发电等技术与原有输配电基础设施高度集成和融合而形成的新型电网被称为智能电网。智能电网具有能源效率高、环境污染小、安全可靠性高、人机互动能力强等优点，已被各国视为推动经济发展和产业革命的新基础与新动力。2009 年，我国制定了智能电网发展规划，并开始了智能电网建设的全面推进。

我国智能电网的建设分为三个阶段，分别为发展起步阶段(2009年至2010年)、全面建设阶段(2011年至2020年)、完善提升阶段(2021年至目前)，建设内容涵盖了发电、输电、变电、配电、用电和调度等多个领域。

用电信息采集系统是智能电网建设的重要内容，集成了传感器、通信、自动控制和信息管理等技术，可以实现对用电用户的电量数据采集与管理、电能质量分析和线损统计等，使相关电力部门及时掌握用户用电情况、科学调度供电、发现用户用电异常。2006年，欧盟理事会公布了关于执行可持续的、竞争的、安全的欧洲能源策略的绿皮书。其中指明了智能用电服务的建设目标为：至2020年，各成员国中的智能电表普及率达到80%；至2023年，各成员国实现智能电表的全域部署。2009年，美国宣布了《复苏计划尺度报告》，报告中计划为用电用户安装4 000万只智能电表，实现用电信息的远程抄表及管理功能。2009年，我国以“全覆盖、全采集、全费控”为建设目标，按照“统一规划、统一标准、统一实施”的原则推动智能电表的普及和用电信息采集系统的全面建设。目前，我国用电信息采集系统建设已初步完成并投入使用，这对提升国家电网的服务能力、满足客户的多元化需求、制定有序的供电方案、保障电网的安全稳定运行具有重要意义。

电力通信网络是连接居民电量计量终端(如智能电表等)与用电信息采集系统主站的枢纽，是确保用电信息采集系统安全稳定运行的重要支柱。目前，常用的电力通信技术主要包含电力线载波、光纤、GPRS/CDMA无线公网、230 MHz/1 800 MHz无线专网等。从应用效果来看，以上常用的电力通信技术中，尚未有一种技术能够实现对全国区域范围的全覆盖。例如，在偏远的山区、森林、牧区、海岛等，面临着无线公网和专网尚未覆盖、光纤等有线通信链路建设成本高昂等问题，存在着大量通信“缝隙”。因此，探索新的电力通信技术来弥补已有电力通信网络覆盖的不足，是智能电网发展的必然选择。

北斗短报文通信是北斗卫星导航系统特有的通信功能，可以实现点对点、多点对多点的双向数据传输，具有覆盖范围广、通信无盲区、安全可靠等优点。为了解决偏远地区居民用电信息自动化采集所遇到的难题，研究人员设计并研制了基于北斗短报文通信的用电信息采集系统。在居民区的集中器端和供电公司的用电信息采集系统主站端，同时部署北斗用户机，在不改变供电公司已投运相关电力设备和系统的情况下，以低廉的北斗通信链路为信道，完成对偏远地区居民用电信息的远程、自动化采集。此外，此类系统不仅能够解决偏远地区居民用电信息自动化采集的难题，还可以作为突发地震、山体滑坡等灾害地区的应急指挥系统，确保灾区人民可以与外界保持通信，实现高效指挥救援。

7.2.3 电力运维调度

电力运维是指专业队伍对电力线路、电力运行、电力抢修的维护。目前电力运维模式主要是以省级为中心进行集中监视，采取省地两级管理及省地县三级运维。在实际工作过程中，主要采用统一运维模式，但是具体运维工作还是分区域进行工单派发，对于偏远区域的信息终端故障问题无法取得最优化调度方案。供电信息服务中心按区域派单无法确定二线运维人员是否适合从所在地点去故障点维护，采用这种方法无法快速找到离故障点最近的运维人员，无法确定运维人员当前状态。调度人员无法做出最优的调度方案，运维资源得不到合理利用。同时供电信息服务中心无法确定运维人员的工作路径及接到调度通知后处理设备故障的反应速度，影响运维调度的实施效果。

目前，供电信息化程度已纳入供电企业评定等级考核的指标当中，这对推动供电企业的信息化进程有着积极的作用。与此同时，随着城市化进程加快，城市的用电需求越来越大，供电设施的分布越来越广。为了能适应当前不断扩大的业务需求、提高自身的管理水平及降低成本，供电企业对运维信息化管理的需求十分迫切。通过构建先进的运维辅助系统，实行具有可行性、规范性、高效性特点的供电运维管理，能够帮助供电企业将各方面的投入和成本控制在更低范围内。如今，国内外对采用带有卫星导航定位功能的移动终端嵌入供电运维调度系统的研发及应用正处于快速成长期。北京、上海、杭州、广州、深圳等一线城市供电企业的供电运维调度系统平台已采用了带有卫星导航定位功能的移动终端。

供电运维调度系统平台是根据运维人员的需要设计并实现的运维平台，可使运维人员在最短时间内，以最快的速度处理电力故障，可减少用户的损失，给人民生命财产安全提供保障。平台的应用可提高供电运维调度的效率，减少经营成本，提升经营管理效益，提升用户满意度。系统实现的功能主要有：人员实时定位、维护区域或人员监控、运维人员与系统互通信、人员历史路径查询、运维人员工作量统计等。该系统构筑了供电运维工作的信息服务网络，为科学的供电运维调度提供决策支持。

7.2.4　电力巡检抢修

电力巡检系统是在电力生产过程中保障安全生产的一个极其重要的环节。传统的电力巡检系统多采用人工现场采集的巡检模式，这种采集方式功能单一、结构简单、实时性不强，而且不能保证它的准确性。随着现代计算机技术、自动化与嵌入式技术的进步，以及卫星导航定位技术的迅猛发展，基于卫星导航定位的智能电力巡检系统已经成为各个电力部门管理的一项重要系统。

传统电力巡检的工作主要是人员通过人工的形式进行管理和巡检，存在工作量巨大、效率降低、故障报告不及时等严重问题。北斗卫星导航系统具有覆盖范围大、没有通信盲区、安全、可靠等优点。利用北斗卫星导航系统提供的定位和通信功能，可以对电力巡检系统中主要关键设备进行位置标识，如变电站、电杆、输电线路等，利用这些信息规范电力设施管理和巡检工作管理，可以实现快速定位巡检人员、保障巡检人员安全、信息化管理，同时减少了整体工作环节。基于卫星导航定位技术的智能电力巡检应用主要包括电力巡检机器人、电力巡检无人机、电力巡检安全帽等。

1. 电力巡检机器人

电力巡检机器人搭载高清可见光相机、红外热成像仪、拾音设备、GNSS接收机等智能化检测装置以及智能分析算法软件，可完成全天候数据快速采集、实时信息传输、智能分析预警和快速决策反馈的管控闭环，从而代替人工巡检，实现电力设备状态的自动检测和智能分析，提高电网和电力设备运行的可靠性。采用智能机器人技术进行巡检，不仅具有人工巡检的灵活性和智能性，同时也克服和弥补了人工巡检中存在的一些缺陷和不足，是电网智能化得以实现的重要手段，是智能电网未来发展的重要方向。

目前电力巡检机器人采用的导航定位技术主要有卫星导航技术、惯性导航技术、轨道导航技术、磁导航技术以及同步定位制图(SLAM)技术，一般以卫星与惯性组合导航为基础，并辅以其他导航技术实现电力巡检机器人的导航定位。

2. **电力巡检无人机**

在电力巡检领域，装配有可见光相机和红外镜头以及卫星导航系统的多旋翼无人机，可沿输电线路进行自主巡线，实时回传线路的图像。监控人员可在手机、平板等客户端进行同步收看与操控，并且能在客户端上自动识别出杂物以及发热不正常的线路，大大提高了电力巡检的效率，极大减轻了巡检人员的负担，而且避免了人工巡检时可能发生的安全事故。在洪涝灾害、地震灾害等危急情况下，多旋翼无人机可对存在安全隐患的线路进行检查与自动识别，丝毫不受道路交通状况的影响，不仅减少了巡检人员的工作量，而且对于迅速恢复供电很有帮助。北斗电力巡检无人机如图 7.2 所示。

图 7.2　北斗电力巡检无人机

目前，多旋翼无人机导航系统主要有卫星导航系统、惯性导航系统、视觉导航系统等。按导航方式自主性，还可以分为自主导航与非自主导航。自主导航方式是指多旋翼无人机在导航过程中不需要与控制端交换位姿信息，而是完全依据搭载在无人机上的传感器完成导航，如惯性导航系统、视觉导航系统等。非自主导航方式是指多旋翼无人机在导航过程中必须依赖外界提供的信息来完成位姿解算，如北斗卫星导航系统等提供的坐标信息。

特高压电力巡检属于高危作业，即便是采用多旋翼无人机进行电力巡检也需要注重其自身的飞行安全。就多旋翼无人机机身而言，飞控稳定性、导航准确性、电磁干扰是电力巡检的主要风险因素，而无人机系统故障因素、环境因素、设备整体性能是影响无人机电力巡检整体风险的关键因素。高压输电线输出的是三相交流电，不断变化的电场产生不断变化的磁场，并且不断向四周激发迭代形成交变的电磁场，离高压输电线的距离越近，场强就越大，电磁干扰就越强，而多旋翼无人机的卫星导航系统易受复杂电磁场环境的影响。因此，目前一般根据电力巡检环境的特殊性，采用视觉、惯性的组合导航系统，降低多旋翼无人机对导航卫星的依赖程度，从而保证多旋翼无人机能够在交变的电磁场中稳定导航而不受电磁干扰的影响。

3. **电力巡检安全帽**

随着信息通信新技术的快速发展及智能电网建设的持续深化，电力系统对人机交互、数据通信、业务支撑、辅助智能决策等信息通信新技术提出了更高要求。智能电力巡检安全帽基于高精度北斗智能定位技术，融合可视化视频远程监控、生理和环境监测等技术，可以实现对现场检修人员位置、现场故障情况以及人员生理健康水平的实时监测，实时语音对讲和视频传输，及时准确地将检修人员及设备信息动态反馈至后台中心控制系统，供后台管理技术人员进行高效的人员调度、检修指挥和技术支持，有效提高检修工作效率。同时，在突发灾害应急处置的情况下，可及时采取相应的救援措施，最大限度地减少损失。可以推动电网检修装置智能化，提高电网检修智能化水平，助力电网安全实现本质提升。可穿戴北斗高精度智能电力巡检安全帽由多个功能模块融合成一套智能业务应用系统，适用于电网输电、变电、配电、调度、通信等各室内、室外运维检修和应急抢修作业。

北斗高精度定位功能在电力工程测绘、电力智能巡检、充电桩管理等领域也有示范性应用。高精度定位功能的应用可以提高应急状态下处理突发事件的能力，提高电力系统的运行管理水平，提升电力设备精细化管理程度。北斗短报文在用电信息采集、应急通信保障、配电终端监测等领域也得到了应用，扩大了通信覆盖范围，提升了电网设备精细化管理水平。

除了“北斗＋配电网”以外，我国电网行业还在开展“三网、一中心、一平台”的建设，健全北斗行业标准以及检测体系，全面实现生产系统和业务系统的深度融合。“三网”包括：建设电力北斗地基增强系统，构建国家北斗精准服务网电力专网；整合电力专网、无线公网、北斗短报文服务等通信资源，实现无障碍、全方位的电力通信网；建立安全可靠的时间同步网，为电网提供精准的时间服务。“一中心”是指建立电力行业北斗数据分中心，负责电力北斗数据的运行管理，开展数据的挖掘与应用，为用户提供精密、精准的数据服务，辅助发展战略和规划研究，通过电力北斗应用数据标准和共享机制，构建数据服务资源共享平台，促进北斗卫星导航系统的行业应用，提供独特的数据服务。“一平台”是指建设北斗卫星应用综合服务平台，汇集和管理北斗设备及数据，满足电力系统对各类用户的需求，支撑北斗卫星导航系统在电力系统的应用与发展。

7.3　金融领域应用

金融行业对时间的精确同步有极高要求。现代金融行业，无论是银行还是证券交易所，其业务都离不开计算机和计算机联网服务，如银行业务往来发生时刻、金融交易准确时刻、数据库处理时间、银联卡和账户的密码识别等，都涉及银行联网计算机之间的时间同步和频率同步。类似情况同样出现在股票证券交易、套汇交易、期货交易、大宗商品交易等涉及金融流通的各种场所。这些业务涉及在不同市场、不同时刻的价格变动，频繁的短期价格变动，意味着每分、每秒甚至每毫秒的时间延迟，都有可能导致巨大的损失。因此，为减少由时间误差引发的各种随机业务纠纷，各金融交易所对交易时间的提供和认定特别重视。

我国已明确了在涉及国家经济、公共安全的重要行业领域必须逐步过渡到以北斗卫星导航系统为主兼容其他卫星导航系统的服务体制，金融行业事关国家的经济主权和财富控制权，在维护国民经济增长和国家利益、服务实体经济和广大国民的过程中发挥着重要作用。因此，在应对全球地缘竞争新格局、引领社会全面发展新模式、促成经济深度融合新常态、顺应金融行业发展新趋势的时代呼唤之下，金融行业的健康稳定发展更需要实现基于自主知识产权的北斗卫星导航系统高精度计时方式。

北斗卫星导航系统的高精度授时不受地球自转、地磁场等自然因素的影响，必将成为金融领域的重要基础保障平台。北斗卫星导航接收机可以将接收到的卫星原子时信号解码，有效地使每一个接收机与星载原子钟同步，这就使用户能够以万亿分之一秒的精确度确定时间，却不需要自己拥有原子钟，北斗高精度授时正逐步发展为我国金融行业广泛采用的时间源。

将北斗高精度授时系统在金融领域推广应用，将北斗时间溯源到国家时间频率计量基准，为金融领域提供时频保障，推进金融领域重要基础设施的升级换代，对于完善我国金融产业，为金融领域的稳定安全运行提供可靠保障，实现北斗卫星导航系统的规模化应用具有重要意义。

7.3.1　北斗高精度时间戳

时间戳是使用数字签名技术的数据，签名对象包括原始文件信息、签名参数、签名时间等。时间戳系统用来产生和管理时间戳，对签名对象进行数字签名产生时间戳，以证明原始文件在签名时间之前已经存在。

随着金融行业向着自动化、智能化的方向不断发展，对于其时间的精确性、一致性、稳定性的需求也愈发紧迫，由此引发的新的竞争需求和监管要求促使金融企业针对新信息和交易使用高度精确的时间戳。金融行业每天需要高速处理巨量美元的交易，其内部对于精确计时的需求正在迅速发生变化。金融行业需要一套非常精确的时间计量系统来衡量每一个事件发生的时间节点，并以此来向监管机构证明相关指令未被做手脚，也没有为了获得财务利益而蓄意延迟。能证明这一切的唯一方法就是使用非常精确的时间戳，同时监管机构也需要使用极其精确的时间戳。因此，需要对每一条信息的交易数据、交易报告、订单事件等都盖好时间戳。

对于解决金融领域高精度时间戳的问题，需要建立一个全国性的金融证券实时授时网络系统，这个网络的建立需要依赖导航卫星的高精度授时系统。随着我国北斗卫星导航系统的推广应用，通过自主知识产权技术建立金融领域高精度时频系统的条件已经成熟。高精度时间戳可广泛应用于金融证券交易、互联网购物等行业。以股票交易为例，目前我国股民主要通过互联网终端和交易大厅电子显示牌交易，这些交易终端信息的实时性对于交易双方来说十分重要。每项交易都需要标出对应的时间戳，确定相关交易的先后顺序，并按照设定的交易规则完成交易内容。监管机构也可以通过这一时间戳实现对交易数据、交易报告及订单事件的监管，避免相关交易被蓄意延迟等恶意竞争行为。

北斗高精度授时系统在金融领域具有广阔的应用前景，它能够为金融领域提供高精度的时频保障，规范金融交易行为。建立金融领域的北斗时间基准，对于推进金融行业的健康发展和北斗卫星导航系统的规模化应用具有重要意义。

7.3.2　北斗金融时频服务

目前世界上主要的网络授时协议有网络时间协议(network time protocol，NTP)、简化的网络时间协议及网络测量和控制系统的精确网络时间协议(precise time protocol，PTP)。NTP是互联网中用于时间同步的标准互联网协议，构建在互联网协议(internet protocol，IP)和用户数据报协议(user datagram protocol，UDP)之上，该协议通过往返程思想来估计传递时间信息的报文在网络传输中花费的时间，继而估计出本地时钟和参考源时钟的时间偏移量，使客户端时钟获得当前时钟的估计值。

银行、证券交易所及相关金融系统的时钟系统，可以采用总线、自由拓扑、星型拓扑结构组网，为计算机网络系统、积分系统、安保系统、银行交易系统、公共广播系统等提供时间参考信号；时钟系统与银行、证券交易所的中控系统连接，通过系统主机，实现对全系统的网络控制、时间设定、状态监控等。银行时钟系统以北斗/GPS双模母钟、NTP/PTP时间服务器、子钟显示部分为核心，一方面通过RS-485总线直接给银行提供时间，另一方面通过银行计算机网络系统提供时间,并为支行、储蓄所提供准确时间。世界时子钟可以给跨行异地对接和跨境对接提供时间基准。

在北斗卫星导航系统运行之前,GPS是唯一低成本、高精度的授时同步系统,并成为金融领域实现高精度授时的首选方案。随着北斗卫星导航系统的推广,北斗高精度时频服务器系列产品以其授时精确、运行稳定和使用方便被金融领域广泛采用,其功能包括北斗卫星授时、守时和用时。其中授时具有种类多、精度好、具备北斗/GPS双模授时等特征;守时具有稳定可靠、双机光纤互备、恒温晶振高稳守时或铷原子钟守时等特征,并且能在高端的机房设备上配备双电源冗余等稳定措施;用时具有输出信号种类全、输出能力强、模块化设计优等特征,并可按照客户的实际要求进行多种组合。2014年某金融认证中心上地站和亦庄站分别安装了北斗高精度时频服务器主钟。北斗高精度时频服务器可以对外提供网络时间信号和简单网络管理信号。

网络时间对时是授时服务器应用的一个主要方向。授时在银行系统中的应用主要是电子银行的电子回单、对公业务的电子对账单、对私业务的信用卡电子账单、银行内部的单证票据电子化等。这些电子文件要求具有唯一性和确定性,并能证明是在什么时间产生的、产生后内容未被篡改。因此,可信时间戳是实现这种要求的技术保障,而北斗高精度授时服务器可以有效保障银行系统在结算时时间戳的时效性。简单网络管理是针对授时服务器稳定运行而专门加入的管理监控平台,拥有国际通用节点信息和定制节点信息。简单网络管理节点数目及内容可为用户定制开发新的节点内容,通过网络用户可以监控授时服务器的运行状态,实现无人值守。

现代金融行业离不开计算机和移动互联网。股票、基金及网络购物等金融交易的时间节点、银行往来业务的发生时间、文件创建及访问时间、数据库处理时间、银联卡和账户的密码识别等都涉及联网计算机终端之间的时间同步和频率同步。基于北斗卫星导航系统的高精度时频系统具有纳秒级的时间精度,并且能够满足金融领域的时间同步要求,必然能够在现代金融领域发挥重要作用。为实现我国金融行业的健康稳定发展,需要建立基于北斗卫星导航系统的高精度计时方式,金融系统的高效运行也深度依赖于高精度的时间同步,而且随着现代科技的发展,金融领域对北斗高精度授时的依赖性也必然会越来越高。因此,北斗高精度授时的应用需求规模也必然非常可观。北斗高精度授时系统在金融领域的推广应用,不仅有利于推进金融行业的健康发展,而且有利于推进北斗卫星导航系统在金融领域的规模化推广应用。金融行业与北斗高精度授时之间实现互联,将会使安全性、可靠性大大增强。

第八章 气象学和遥感领域应用

8.1 气象领域应用

8.1.1 电离层反演

电离层是大气层的重要组成部分，也是卫星导航领域的研究热点。研究电离层的时空变化特性以及监测其异常特征，不仅有助于掌握电离层的时空演变规律，从而提高导航定位精度，还可以发现电离层扰动变化的产生机制，从而对极端事件(如海啸、地震等)进行解释甚至预报。随着卫星导航技术的不断发展，电离层的研究呈现跨越式发展。学者们可以利用卫星导航信号的双频观测数据求出高精度电离层电子总含量(total electron content，TEC)，再通过电离层层析技术，就可以得到高精度三维电子密度，这为研究电离层的空间构造打下坚实基础。

通过长期的地震监测预报研究发现，电离层会受到地震的影响而发生异常变化，且这种变化有着较为明显的时间规律。但是电离层异常还会受磁暴等多种因素影响，研究磁暴期间电离层异常有助于发现电离层异常变化规律，并更好地分析异常原因。因此利用卫星导航系统观测资料研究电离层有助于对地震以及磁暴等异常情况进行分析。

卫星导航系统应用于电离层模型的反演重点是求取高精度的电离层电子总含量，其精度对反演效果有较大的影响，因此获取高精度电离层电子总含量是电离层层析中必不可少的一个环节。利用双频观测数据提取电子总含量因其精度高、效果好而广泛被学者们采用。常用的电子总含量提取方法主要有两种：一种是利用载波观测值对伪距观测值进行平滑，得到载波相位平滑码，并利用载波相位平滑码解算电离层电子总含量；另一种是利用伪距和相位观测值联合解算电子总含量。

8.1.2 大气水汽含量反演

对流层是最接近地球表面的一层大气，集中了约75%的大气质量和90%以上的水汽质量。水汽占整个大气比例约为0.1%～3%。作为大气中唯一能发生相变的成分，水汽能够吸收地面辐射，也可以辐射能量，在相变的过程中通过不断放出或吸收热量，对地面和空气的温度产生影响，因此水汽在气候形成和天气变化中扮演重要角色。现代数值天气预报模型对高时空分辨率的大气水汽含量及分布存在较高需求，高精度的水汽分布信息直接影响天气预报的准确性。因此，获取高精度、高时空分辨率的水汽分布资料对天气预报和灾害预警具有重要意义。

传统水汽探测手段主要有无线电探空、气象卫星和微波辐射计探测技术，然而这些探测手段存在各种局限性，难以高效地获取高精度、高时空分辨率的水汽信息。无线电探空是应用最为广泛且精度较高的大气水汽探测方法。全球分布的探空站自1940年起便持续观测，可获取测站上空高垂直分辨率、高精度的水汽信息。但是探空气球是一次性设备，成本较高，一般每12小时观测一次，这就导致时间分辨率较低，对变化剧烈的天气情况不够敏感。卫星遥感技术可以在短时间内获得大范围内水汽分布信息，观测效率较高，但是单点观测精度不高，并且受卫星轨道限制，单点观测的时间分辨率得不到保证。微波辐射计可以以较高的精度和时间分辨率获取各个方向上的水汽含量以及湿度信息，但其只能在无雨的天气进行观测，使用前需要标定，并且费用较高，因此使用限制较多。

地基卫星导航信号反演大气水汽技术作为新的水汽探测手段得到了广泛的应用，该方法通过分离卫星信号穿过大气层时受水汽影响产生的延迟量，建立延迟量与水汽含量的对应关系，进而得到垂直方向和倾斜方向的水汽含量。与传统水汽探测手段相比，地基卫星导航信号反演大气水汽探测方法具有明显的优势：首先，其水汽反演精度可达到较高水平，国内外众多研究表明，由地基卫星导航信号反演的大气可降水量精度可达1～2 mm，并且随着卫星导航系统的发展以及技术的进步，精度有望进一步提高；其次，观测时间分辨率高，GNSS接收机接收到的每条卫星信号都包含了其路径上的水汽信息，目前观测时间分辨率可达1 s，则理论上水汽探测分辨率也可达到1 s，远远高于其他手段；再次，观测不受天气影响，可以全天时、全天候持续运行，做到对水汽信息的持续监测；最后，GNSS接收机成本相对较低，可以高密度地设站组网，进而可以提高观测的空间分辨率。通过地基卫星导航信号反演大气水汽方法，不但可以获得单站垂直方向水汽总量，还可以通过层析技术反演得到水汽的三维分布信息。

随着卫星导航技术不断进步，结合气象学领域的应用和实践，卫星导航技术在地球大气探测方面得到了广泛的应用和发展。地基卫星导航信号反演大气水汽技术凭借其高精度、高时空分辨率、全天时、全天候以及费用低等优点，在全球气候监测、灾害监测预警以及数值天气预报等领域得到了广泛的应用。

8.2　遥感领域应用

卫星导航技术不仅能够为用户提供导航定位和准确授时信息，还能提供全天时、全天候、不间断的L波段微波信号源。1993年利用GPS海面反射信号测量海面高度的方法被提出，首次将对卫星定位造成干扰的反射信号应用于海面遥感。该方法的主要思想是将海面反射波作为测距信号，测量直射信号和反射信号到达的时间差，从而确定海面高度。近年来，卫星导航系统在遥感技术中的应用已经扩展到海况探测、海冰探测及土壤湿度测量等领域。

利用北斗信号进行反射面信息反演的技术称为北斗反射信号微波遥感技术，可以进行全天候、全天时、多信号源、宽覆盖、高时空分辨率的地表观测实验，为利用卫星导航信号进行海上、陆地、冰面等反射面的监测提供了更加可靠且有效的方法，并将成为北斗卫星导航系统应用的一个重要领域。

8.2.1　海洋遥感

基于卫星导航系统的海洋遥感技术的基本特点是利用反射的卫星导航系统伪随机码信号或者载波信号，通过码延迟和相关函数波形及其后延迟性分析，并结合海面、海浪对电波的散射理论，提取反射信号中携带的目标反射面的特性信息，即反射信号波形的变化，极化特征的变化,频率、幅值和相位等参量的变化,从而实现海上目标的实时信息提取与监测。

在卫星无线电反射信号测量系统中,导航卫星、海面和接收机构成一个收发分置结构,GNSS接收机可同时接收一定范围内多颗导航卫星的直射信号、海面反射信号,在遥感探测机理方面属于双基雷达观测模式,大大提升了时空分辨率。为接收高仰角的导航卫星反射信号,接收机一般需要采用两副天线:一副向上的低增益右旋圆极化天线,用于接收直射信号;另一副向下的高增益左旋圆极化天线,用于接收海面反射信号。GNSS接收机接收到的信号属于前向散射,通过对海面散射的测量而对海况进行监测,从而获取海洋遥感的信息。

卫星导航系统在海洋遥感监测方面的应用主要包括以下两方面:一是利用接收机接收到的卫星直射信号和前向散射的反射信号之间的延迟,研究海面地形,反演海面高度、有效波高和海冰厚度等信息;二是通过测量海面对卫星导航信号的前向散射来反演海面粗糙度、测量海面风场、监测溢油污染等,为观测海洋提供丰富、稳定的信号资源。

1. 海面高度测量

图8.1所示为基于卫星导航系统的海面高度测量原理,即利用海面反射信号与直射信号到达接收机的时间差来计算路程差,从而实现测高。其中,h为海面高度,R为接收机的位置,R'为接收机在海面下的镜像位置,ε为卫星仰角,S为镜点,$\Delta\rho$为路程差,则存在以下几何关系

$$\Delta\rho = 2h\sin\varepsilon \tag{8.1}$$

将路程差用时间延迟来表示,可得海面高度h的计算关系式为

$$\tau_R - \tau_D = \frac{2h}{c}\sin\varepsilon \tag{8.2}$$

式中,τ_R和τ_D分别为反射信号和直射信号到达接收机的时间,c为光速。

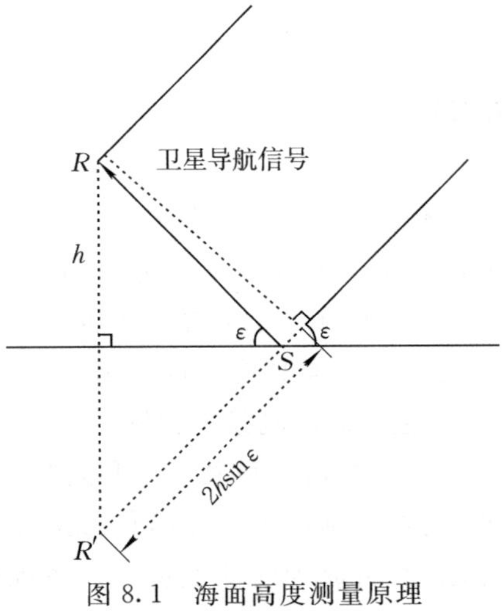

图8.1 海面高度测量原理

2. 海面风场反演

基于北斗卫星的海风海浪探测技术,提供了新的近海海风海浪观测手段,可在一定程度上改变长期以来我国综合气象观测系统在海上缺乏有效观测手段的状况,填补近海气象观测资料的空白。海面在海风的作用下产生波浪,从而引起海面粗糙度的变化,风速越大,海面越粗糙。反射信号的功率谱峰值随着风速的增大而减小,表现为波形趋向扁平,通过与模拟波形相对比,可以反演海面风速。

从1997年起,美国国家航空航天局与科罗拉多大学开始联合开展GPS遥感海面风场反演算法研究,并进行了多次机载飞行试验。试验发现,GPS反射信号的相关功率波形与风速具有直接关系,海面风速越大,波形的后沿变化越趋于平缓,反之则越陡峭。1999年8月,西班牙高等科研理事会、中葡星海联合实验室与美国国家航空航天局在地中海联合进行了气球试验,试验采用低增益天线,在38 km高度成功检测到反射信号,海面风速反演精度约2 m/s。此外,为进一步验证利用GPS遥感技术反演海面风场的可能性,美国国家航空航天局、科罗拉多大学、欧洲空间局和中葡星海联合实验室等进行了大量的机载试验,并结合反演理论对试验数据进行了海面风场反演,风

速反演精度为±2 m/s。目前,利用卫星导航遥感技术反演海面风场的理论与算法虽然基本成形,但还不能完全实现业务化。

8.2.2 陆面遥感

基于卫星导航系统的陆面遥感技术研究及应用主要集中在土壤水分、积雪深度等参数的反演。2002 年美国国家航空航天局首次在土壤湿度实验(soil moisture experiment 2002,SMEX02)中加入了 GPS 双基雷达测量,证明反射信号强度与土壤水分时空相关。欧洲空间局分别于 2009 与 2011 年开展了地基与机载导航卫星遥感试验,进行土壤水分、地表粗糙度与植被参数对不同极化 GPS 反射信号的影响研究。随着无人机成为一种实用的遥感平台,目前已有基于无人机的遥感土壤水分反演与地物分类研究。在直射信号与反射信号干涉研究方面,有学者利用地壳形变监测网中的卫星导航信号的信噪比(signal-to-noise ratio,SNR)数据提出了基于卫星导航信号的多路径反射测量(multipath reflectometry,MR)土壤水分技术。

1. 土壤水分反演

土壤水分是地表能量平衡的决定因素,在全球水循环中起着重要作用。由于卫星导航信号对反射表面的电磁特性十分敏感,特别是介电常数对反射信号的强弱有着重要的影响,而介电常数与土壤水分之间有直接关系,所以可以通过反射信号的强弱来探测土壤水分。卫星导航遥感技术作为一种无源土壤水分探测技术,正在成为国内外的研究热点,是在理论和技术上较为成熟的一种应用。

目前,土壤湿度计广泛用于对土壤水分的直接物理测量。原理是对土壤发射电信号,测量土壤介电常数,并利用经验公式计算土壤水分,是一种有源测量。这种测量方法简单,具有一定精度,而且可以测量不同深度的土壤水分。但是,这种测量方法的不足是需要对土壤发射信号,是一种物理接触的测量,其劳动强度大,测量的土壤面积有限。

2. 积雪深度测量及其他应用

一些研究表明,积雪深度与卫星导航信号的多路径效应有密切关系,美国于 2009 年利用 GPS 接收机对科罗拉多州两次暴风雪进行了测量,开展了基于卫星导航系统的积雪深度测量探索研究。随后又利用美国地球探测计划 GPS 观测数据对积雪深度反演模型进行了研究,给出了初步的反演结果,并将其与地面实测数据和激光雷达测量结果相对比。目前在积雪深度测量方面的研究还处于起步阶段,已有的研究成果也仍局限于对理论或可行性的探索,尚未发展到成熟的模型及算法阶段。另外,在地形测量方面,地形起伏与干涉信号的振动频率有关,地形起伏越大,振动频率越高,对于平坦地形,振动频率变化较为平缓。

第九章　北斗大众领域应用及开发示例

9.1　北斗大众领域应用

北斗基础产品已实现大众应用，技术达到国际先进水平。支持北斗三号系统信号的芯片已在物联网和消费电子领域得到广泛应用，双频定位芯片已具备市场化应用条件，全频一体化高精度芯片已经投产，北斗芯片性能再上新台阶。当前北斗基础产品供应链稳定，芯片、模块、天线等系列基础产品不断迭代升级，性价比持续提升，已经实现亿级量产规模，有力支撑了自主产业链和供应链的安全稳健发展。随着各行业的数字化转型和智能化升级，对卫星导航设备及时空数据的需求开始释放，2023 年我国卫星导航与位置服务产业总体产值达到 5 362 亿元，同比增长 7.09%。其中，由卫星导航应用和服务所衍生和带动的关联产值达到 3 751 亿元，产业生态范围进一步扩大，产业结构持续优化。

北斗卫星导航系统大众服务发展前景广阔。基于北斗卫星导航系统的导航服务已被电子商务、移动智能终端制造、位置服务等厂商采用，广泛进入中国大众消费、共享经济和民生领域。随着 5G 商用时代的到来，北斗卫星导航系统正在与新一代移动通信、区块链、人工智能等新技术加速融合，北斗应用的新模式、新业态、新经济不断涌现，深刻改变着人们的生产生活方式。在电子商务领域，国内多家电子商务企业的物流货车及配送员应用北斗车载终端和手环，实现了车、人、货信息的实时调度。在智能手机领域，国内外主流芯片厂商均推出兼容北斗卫星导航系统的通导一体化芯片，2023 年国内智能手机出货量为 2.76 亿部，其中 2.69 亿部支持北斗定位功能，占比约为 98%。在智能穿戴领域，多款支持北斗卫星导航系统的手表、手环等智能穿戴设备，以及学生卡、老人卡等特殊人群关爱产品不断涌现，得到了广泛应用。本节将从特殊人群关爱、平安校园建设、大众共享出行、北斗助力抗疫四个方面分别进行介绍。

9.1.1　特殊人群关爱

基于北斗卫星导航系统的特殊人群关爱主要是指基于北斗卫星导航系统构建可视化的老年人、儿童、智力障碍人士、自闭症患者关爱系统。针对不同人群的关爱系统在实现上会有区别，但是北斗卫星导航系统在其中都起着提供基础位置服务的作用。下面主要以老人关爱位置服务平台、儿童智能手表、自闭症患者互动机器人为例进行介绍。

1. 老人关爱位置服务平台

2024 年，我国 60 岁以上的老年人口已超过 2.9 亿，老龄化水平已达到 21%，其中 65 岁以上人口为 21 696 万人，占全国总人口的 15.4%。现有的养老服务机构、养老保障设施等远不能满足需求，老年人的安全位置信息以及娱乐信息、商务信息、语音通信等综合服务需求日益激增。老年人外出安全问题成为儿女不可忽视的问题。要确保老年人的安居生活，除了家人的关怀外，可以配合先进的北斗导航定位技术，建立一个老人关爱位置服务平台，保障老年人在需要时能得到最快最好的支持与服务。

老人关爱位置服务平台是基于卫星导航系统、地理信息系统、无线通信技术、软件技术构建的一套可视化的老人关爱信息系统。该系统利用卫星导航系统，结合地理信息系统和无线通信服务实现对人员的实时定位和监控，可以提高老年人监控管理效率，提高安全性和处理突发事件的能力。老人关爱位置服务平台是基于电子地图以及终端的卫星定位模块开发的，专门服务于社区内需要帮助的受众群体。用户在平台上填写相应的个人信息，利用带有卫星定位模块的终端，可向平台请求相应的帮助。卫星定位模块在获取定位信息后，可将定位轨迹打点到地图上，通过一定的时间间隔进行轨迹反馈，可将终端持有者行动轨迹清楚地记录下来。

老人关爱位置服务平台根据功能详情划分为五个模块：地图管理模块、用户管理模块、服务管理模块、信息管理模块、权限管理模块。老人关爱位置服务平台可以设置电子围栏，包括平台提示报警及发送短信提示报警，可以录入、编辑用户信息以及进行平台权限管理，可以下达语音、文字等信息指令，可以单选或多选隶属于平台的终端账户。管理人员下达指令后，该条指令将被传送至所选择的人员的终端，并在终端进行提醒。

手机端地图导航业务是指通过在手机上安装地图客户端软件，并根据卫星导航信号动态标识用户位置，为老年人提供位置服务业务。手机端主页如图 9.1 所示，可以显示人员位置及轨迹，并且可接收平台下发的语音、图片及短信。

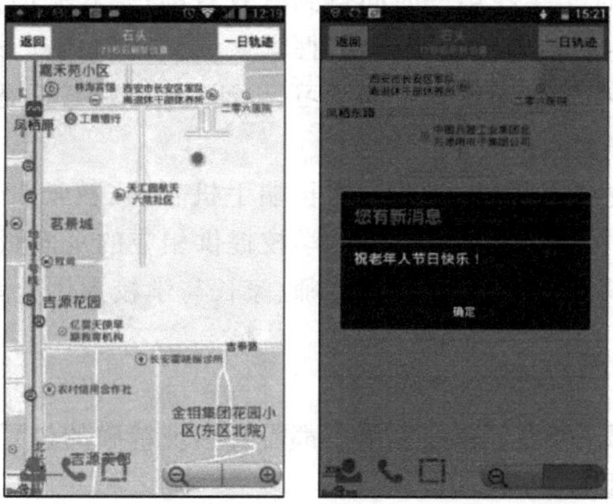

图 9.1　手机端主页

利用北斗卫星导航系统创新老人关爱位置服务的管理模式，推动老年人社区管理向信息化、科学化、精细化、人性化方向发展，对我国老年人传统社区运营管理进行转型升级、建设老年人更加满意的现代服务业具有深远意义。该项目的成功示范将推动以北斗为核心的导航终端技术创新，推动导航与位置服务战略性新兴产业健康快速发展。老人关爱位置服务平台可改善和提升我国社区面向老年人的服务质量和服务水平，不断提升我国社区的品质和形象，逐步提高我国老年人安全管理和紧急求援能力，快速提升紧急求援的反应速度和处置时效，为北斗卫星导航系统民用化开辟了途径。

2. 儿童智能手表

目前，在中国市场，已经有不少的品牌开发了儿童智能手表，这些产品能够通过以北斗卫星导航系统为基础的室内外融合导航技术实现“1＋1＞2”的导航效果，使实时定位更快捷、更准确，室内、室外无死角，有效地对孩子的行为安全进行监督和指导。儿童智能手表一般具有一键求救功能，并且具备电子围栏、双向通话、成人监护、蓝牙防丢、历史轨迹、上课免扰、实时定位等功能，支持多用户同时查看儿童实时位置，为儿童的安全出行提供更多的保障。

3. 自闭症患者互动机器人

研究发现，自闭症患者在分别模仿机器人和人的手部动作时，对机器人动作的模仿速度要超过对人动作的模仿速度。自闭症儿童能积极与机器人互动，这表明机器人能够锻炼自闭症儿童的交互能力。基于北斗卫星导航系统的人形机器人，通过前期干预能有计划地提高自闭症儿童的认知能力、交流能力、运动能力和学习兴趣等，辅助自闭症儿童康复治疗。此类机器人具备语言训练、情绪训练、行为训练、跟随及监督看护、建立每日活动计划等主要功能。由于重复刻板行为是自闭症儿童的典型症状之一，而产生重复刻板行为的主要原因是通过刻板行为产生感官满足，因此可以结合前期干预，基于北斗卫星导航系统的授时功能设计一套适合自闭症儿童的每日活动计划，实时显示在屏幕上并以语音提醒。

9.1.2 平安校园建设

平安校园项目采用卫星导航定位技术、移动通信网络无线传输技术及射频识别技术，通过具有导航和通话功能的电子学生证终端和软件平台，实现了以中小学生群体为主体的位置定位、紧急求救、校务管理、手机软件定位、学籍管理等服务。当学生遇到紧急情况时，一键告警结合精确定位数据，可保证学生在第一时间得到有效救助；家长平时还可通过互联网、短信或手机软件等方式获取学生的精确位置，及时掌握学生的活动轨迹。该项目通过专门为学生打造的可靠平台，为广大中小学生提供安全的学习、生活环境，为家长提供有效的监护手段，为学校提供先进的校务管理平台。

平安校园管理系统主要包括终端产品、家长端手机软件、教学管理手机软件、位置服务平台、校务管理平台五部分，给学生、家长、老师、学校提供相应的页面版平台和手机端平台，为学生与家长、学生与老师、学生与学校、家长与老师、家长与学校提供更紧密的联系与帮助。

9.1.3 大众共享出行

在大众共享出行领域，网约车和共享单车都需要实现精确的位置服务，因此北斗卫星导航系统在其中起到了基础性的支撑作用。

1. 网约车

网约车是网络预约出租汽车的简称。网约车经营服务是指以互联网技术为依托构建网络服务平台，整合供需信息，使用符合条件的车辆和驾驶员，提供非巡游的预约出租汽车服务的经营活动。根据 2019 年应急管理部信息研究院发布的《中国网约车安全发展研究报告》，国内每 3 个打车者中，至少有 1 人使用网约车，获得城市经营许可的网约车平台已超 140 家。网约车和顺风车给大众带来了不少便利，但其安全问题也引发社会各界广泛关注。为了提升网约车的安全性，可以使用北斗卫星导航系统对行车轨迹进行实时监测，辅以面部识别、语音识别模块对司机进行实时监督，当乘客发生或面临危险时，运营平台可远程操控锁死汽车并自动报警传递位置信息，从而保障乘客生命安全。

2. 共享单车

企业在校园、地铁站点、公交站点、居民区、商业区、公共服务区等提供的单车共享服务（图 9.2），是一种分时租赁模式，也是一种新型的共享经济。共享单车已经越来越多地引起人们的注意，但伴随着巨大的投放量，单车无序停放现象引发公共话题。

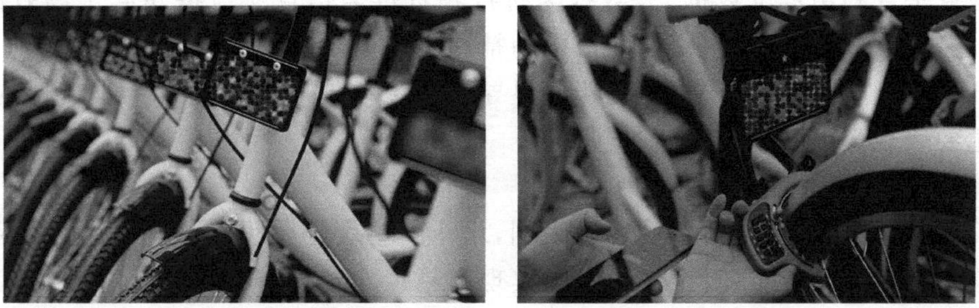

图 9.2　共享单车

伴随着市政管理部门和用户有序、规范停车意识的不断提升,“电子围栏”技术也受到广泛关注。当前适合共享单车管理的电子围栏主要有四种,分别是有桩电子围栏、车载蓝牙标签的电子围栏、车锁蓝牙标签电子围栏、基于卫星定位技术的电子围栏。结合这四种电子围栏,可以设计由互联网共享单车、智能车锁、高精度手持终端、用户手机软件以及运营服务地理信息平台共同组成的系统。

通过蓝牙设备提供与自行车停放区域相匹配的电子围栏信号,单车智能车锁感应电子围栏信号,系统实时监测共享单车停放区域,并自动判断用户是否将单车停靠在划定的停放区域,以此来规范用户停车、还车行为,通过高精度手持终端实时监测,确保电子围栏正常工作。

目前,市场上的共享单车大多使用支持北斗和 GPS 的定位芯片,而北斗和 GPS 的原始信号定位精度一般在 10 m 左右。从实际使用的角度分析,共享单车的停放地点通常在地铁站下、立交桥下、树荫下,甚至是楼道、走廊这样的室内环境,卫星信号被遮挡、反射,信号衰减明显,出现上百米的定位偏差也属于正常现象。综合考虑目视距离和城市环境因素,当共享单车定位精度达到 5 m 时,实用性将会大大提升,如果定位精度能达到 1 m,那么用户与单车便可做到点对点互联。

通过基于地理信息技术开发的单车综合管理服务平台,城市交通管理部门在高精度电子地图上划定停车区域,用户通过手机扫码自动解锁共享单车,通过无线通信技术上传位置、电量等数据,由手机应用程序传送到服务器,服务器直接发送开锁指令到智能车锁,或者由后台服务器通过北斗远程授权开锁。还车时,科学引导用户把车辆停放在电子围栏区域,实现关锁结束计费。

9.1.4　北斗助力抗疫

2020 年,一场突如其来的新冠病毒感染疫情席卷大地,给人民的生命安全带来了重大冲击。新冠病毒感染疫情阻击战中,大国重器和创新技术各显神通,中国北斗卫星导航系统快速响应、全面融入防控疫情的主战场,担当起科技抗疫的跨界先锋。中国北斗卫星导航系统作为我国独立自主建设的提供时空基准和定位导航服务的重大空间基础设施,可提供高精度点对点的时空服务,在抗击疫情中发挥了巨大作用。

基于北斗高精度定位技术的各类无人机,在全国各地开展消毒防疫任务。防控人员通过北斗无人机对人员密集场所进行巡视和防控,及时喊话制止不当行为,防范人与人之间的密切接触。有些地方还出动了配备红外热成像镜头的智能无人机,实现了远程测量体温。更为重要的是,基于北斗卫星导航系统的智慧防疫系统在机场、火车站、汽车站、港口、码头、地铁、社区、医院、学校等重要区域为人员信息管控和指挥调度提供了有力支撑。基于北斗卫星导航系统的公益服务平台利用定位数据、大数据为抗疫物资供需信息交流搭建起了高效的“数字桥梁”。北斗卫星导航系统在此次疫情防控中的精彩表现不仅展示了国之重器的价值，更为其未来运用打开了广阔空间。综合来看，北斗卫星导航系统在抗击新冠病毒感染疫情的过程中发挥的作用主要表现为以下三个方面。

1. 高精定位，精确标绘

以武汉火神山医院、雷神山医院建设为例，北斗高精度定位设备火速驰援，确保工地大部分放样测量一次完成，即使在复杂场地也能实现高精度定位、精确标绘，为两座医院迅速施工争取了宝贵时间。基于北斗高精度定位的无人设备在阻断疫情传播中发挥了重要作用，将急需的医疗和防疫物资精准送到一线医护人员手中。基于北斗高精度数据搭建的无人机战“疫”平台向全国提供服务，可以支持上万架无人机按照系统生成的航线以及飞行路径执行厘米级精度的飞行，实现精准喷洒、巡检喊话等防疫作业。

2. 畅通运输，助力物流

保证疫区物资精准供应必须有畅通的运输线。抗疫期间，交通运输部通过在全国道路货运车辆公共监管与服务平台入网的北斗车载终端，向600余万辆入网车辆持续推送疫情信息、防疫物资运输信息、道路运输服务信息等，推荐疫情期间经验线路，提供14天行车轨迹查询服务，为行业主管部门提供途经疫区的车辆信息，为疫区重点营运车辆调配和应急物资运输提供数据服务保障。某物流企业为干线物资运输车辆装载了5 000台北斗终端，利用车辆定位信息实时监管和调配，确保防疫物资及时送达。基于北斗卫星导航系统的物流智能配送机器人将各地送达的医疗物资快速送往医院隔离区，搭建起医院与配送站点之间的“物资生命线”。防疫一线的紧缺物资在北斗卫星导航系统引导下，一路绿灯、精准送达。

3. 精准配送，定位病患

疫情期间，城市封闭、小区隔离，大家足不出户却能吃喝不愁、供应不断，这得益于蓬勃发展的网上购物和精准配送构建起的生活物资供应保障网。面对持续增长的物流配送压力，为保证疫情期间快递物流的高效供应，全国各地数十万台北斗终端进入物流行业，通过精准定位，让位置信息一目了然。疫情防控的关键是精准掌握患病人员及其密切接触者的动态，把传染源可靠地掌握住、定位准、封控好。北斗卫星导航系统与互联网、移动通信网络、大数据、云计算等结合形成的“北斗+”信息产品，可以对患病人员的行动轨迹进行精确定位并向社会公开发布，为大城市特别是基层社区做好防控提供了关键数据支撑。

9.2 位置服务手机软件开发示例

位置服务(location-based service，LBS)是指通过外部定位方式(如卫星导航系统等)或无线通信网络获取移动终端用户的位置信息，在地理信息系统平台的支持下，为用户提供的一种增值服务。

随着智能设备的发展和普及，位置服务在移动互联网中迅速流行。很多网络地图服务提供商在提供地理位置服务的同时，也提供导航、生活信息搜索服务，并且借助强大的地图数据支持，可提供更为精准的定位和服务。智能手机用户对客户端应用的需求给位置服务的商业应用带来新的发展机遇，成为信息服务业一种新的服务模式与经济增长点。下面分别讲解智能手机卫星定位结果的获取流程及设计的两个位置服务手机软件的开发过程及特点。

9.2.1　轨迹服务与分享软件

目前市面上已经有许多基于位置服务的应用，但大部分应用关注的是用户瞬时的点位信息，对于连续时间上用户位置变化形成的轨迹并没有投入足够关注。从实用性来看，轨迹本身所具有的位置信息属性完全可以成为一种获取导航路径的方式。对于无人操纵平台的路径规划问题，如无人机快递投放业务，比起设计复杂的行为逻辑和优化算法，令其直接模仿在人类操控下的载体运动轨迹可能更为有效。从生活角度来看，每个人的生活轨迹都是独特的。通过轨迹，可以用一种类似于日记的形式记录一天中的重要历程，这相比于传统的相片、录音和记事本是一种全新的体验。下面介绍手机平台下的轨迹服务与分享软件，常见的功能有：

(1)导航。用户输入目的地，软件将为用户搜索可能的路径，并综合耗时、出行方式等方面给用户推荐最优的路径，用户可以从中选择满意的一条。除此之外，用户还可以使用以往或者他人分享的轨迹进行导航。

(2)轨迹记录。点击开始记录后，软件将获取用户所在位置，以时间为顺序，以位置信息为节点，依次连接形成轨迹。当用户点击记录完毕按钮后，软件将自动保存此次轨迹的所有节点信息。

(3)多媒体信息录入。用户在进行轨迹绘制或编辑时，可以在自己感兴趣的位置节点插入图片、录音、描述性文字等多媒体信息，软件将自动在数据库中更新轨迹数据，并将该节点以特殊符号标记出来，给用户提供直观的视觉感受。

(4)轨迹复现。用户可以选择将记录好的轨迹保存在服务器或本地的数据库中。当用户点击历史记录按钮时，软件向数据库发出请求，数据库先匹配出用户信息，得到该用户的历史轨迹记录数据，并在地图界面中显示。

(5)轨迹分享。基于无线局域网直连技术的点对点分享功能进行轨迹分享，用户要首先扫描对方的二维码与对方建立无线局域网连接，然后即可进行分享。

(6)轨迹合并。用户相互分享轨迹后，可以相互查看对方的轨迹，同时可以选择两条轨迹进行合并，软件通过对时间和节点位置的匹配和筛选，保留满足小于预设距离的节点，然后取两节点的平均位置进行显示，最终为用户呈现两条轨迹的公共部分，也就是两人共同走过的路径。

9.2.2　智能手机辅助定位系统

目前智能手机内置的卫星定位模块的定位精度仅在10 m左右，在使用时容易出现电子地图上显示的定位结果与实际位置相差较大的情况，严重影响了用户体验。例如，因为定位不准造成用户在寻找目的地时需要反复查看周边道路环境，在十字路口处无法确定正确走向等。可见目前智能手机的定位精度已经无法满足现代生活中特定场景下的导航应用需求。下面介绍基于北斗地基增强系统的智能手机辅助定位系统。通过智能手机辅助定位系统，用户可以实现更精确的定位。

1. 系统设计方案

智能手机辅助定位系统由北斗地基增强系统、辅助定位设备和智能手机三个部分组成。北斗地基增强系统产生伪距改正数，并通过套接字(socket)端口连接以RTCM格式电文的形式向用户发送。辅助定位设备由Arduino(阿尔杜伊诺)开发板、卫星定位模块和蓝牙模块三个部分组成。

利用Arduino开发板作为控制器，控制卫星定位模块和蓝牙模块的数据读入和写出；卫星定位模块负责卫星信号的捕获和跟踪，并获取卫星的伪距观测值；蓝牙模块负责与智能手机进行连接,传输卫星定位模块的观测数据。智能手机在获取辅助定位设备传来的伪距观测值的同时,与北斗地基增强系统服务端建立套接字连接,通过 Ntrip 协议接收以 RTCM 格式电文形式播发的伪距改正数,完成伪距差分定位解算。其整体架构设计如图 9.3 所示。

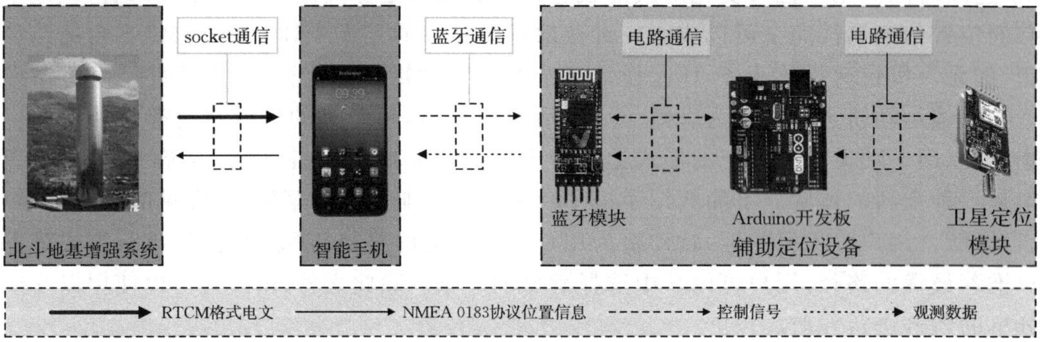

图 9.3 整体架构设计

2. **硬件设计**

系统硬件是由 NEO-M8T 芯片、Arduino 单片机和蓝牙模块连接组成的辅助定位设备。各部件及其连接方式介绍如下:

(1)Arduino 开发板。由于辅助定位设备仅负责向智能手机实时发送观测数据,运算量不大,对中央处理器(CPU)的运算速度要求不高,需要的随机存储器(RAM)空间也不大。所以开发板采用 Arduino 开发板系列中性能比较低的 Arduino uno 开发板。

(2)卫星定位模块。采用 u-blox 公司生产的 NEO-M8T 芯片,并针对该芯片设计相应的印制电路板(PCB),以完成芯片的焊接。该接收机芯片有 32 个通道,支持北斗、GPS 和 GLONASS 等系统,数据输出速率最大可达 10 Hz。

(3)蓝牙模块。蓝牙模块选择体积小巧、兼容性好的 HC-05,其接口电平为 3.3 V,可以直接连接到多种单片机上,即使是 5 V 供电的单片机也可以直接连接。该模块支持 4 800～1 382 400 bit/s 的标准波特率,在空旷无遮挡的环境下有效距离可达 10 m。该模块还支持标准的串行通信格式,包括 8 位数据位、1 位停止位,并且允许用户根据需要设置奇偶校验位。

(4)硬件连接。将硬件引脚按照图 9.4 进行连接。需要说明的是,因为 Arduino uno 中只有一对信号收发(RX/TX)引脚,因此使用软串口的方式将 2、3 和 4、5 引脚分别定义为一对软串口 RX/TX 引脚。

3. **软件设计**

软件设计主要包括用户界面、轨迹显示与记录、蓝牙通信、Ntrip 网络通信、电文编码与解析、实时伪距差分计算等模块的设计。

(1)用户界面:用户通过智能手机进行交互,为了提高用户体验,对软件用户界面进行合理的设计,并使用电子地图的形式显示定位结果。整个过程要确保软件提示信息清楚、美观。

(2)轨迹显示与记录:为了便于在动态测试中对比分析差分前后用户动态连续定位的结果,将定位结果以轨迹的形式保存和显示。

(3)蓝牙通信:智能手机与辅助定位设备之间采用蓝牙通信的方式实时传输伪距观测值。在智能手机端需要调用智能系统接口实现蓝牙通信功能,而在辅助定位设备端直接通过串口读写的方式完成蓝牙通信。

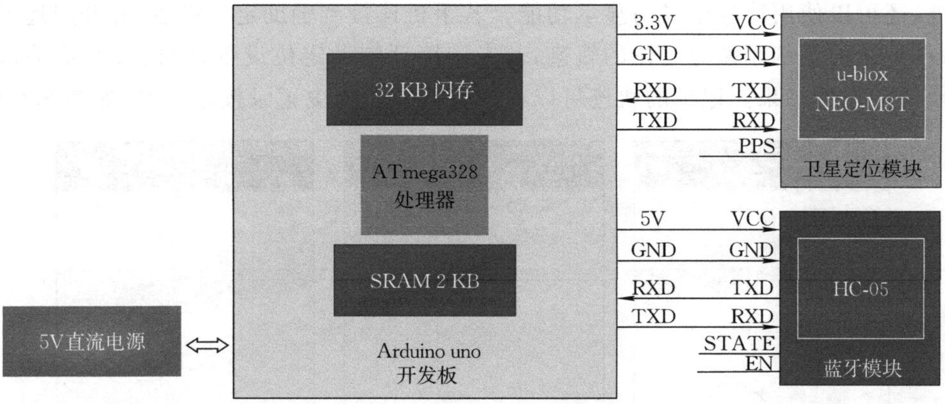

图 9.4　辅助定位设备硬件连接示意

(4)Ntrip 网络通信:用户智能手机与北斗地基增强系统之间采用 Ntrip 协议网络通信的方式传输伪距改正数。在智能手机端需要使用 Java 的 socket 通信函数定义,在北斗地基增强系统端需要使用 C# 的 socket 通信函数定义。

(5)电文编码与解析:伪距改正数和广播星历以 RTCM 格式电文的形式进行传输,因此在北斗地基增强系统端需要对伪距改正数进行电文编码,而在智能手机端需要对接收到的电文进行解析。

(6)实时伪距差分计算:智能手机端获取到辅助定位设备传来的伪距观测值和北斗地基增强系统传来的伪距改正数和星历数据后,需要进行实时伪距差分(RTD)计算得到最终的定位结果。

4. 系统功能展示

打开软件,进入主界面,如图 9.5(b)所示,最上边一栏左侧分别是应用名称和应用状态,右侧是蓝牙连接和历史记录按钮,界面中央为当前位置的地图,左下方的三个按钮实现电子地图的缩放和点位确定功能,界面右下方为控制轨迹记录的开关。点击蓝牙连接按钮进入蓝牙搜索界面。连接设备后,点击右上方的卫星图标,可以查看当前卫星观测数据。如图 9.5(d)所示,第一列是卫星导航系统的名称简写字母,第二列为卫星编号,第三列为伪距观测值,第四列为信号载噪比。

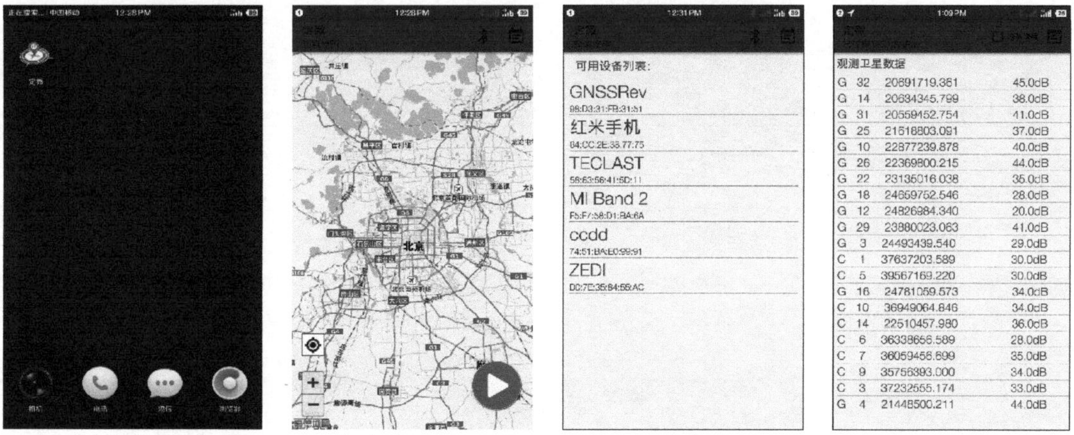

(a) 软件图标　　(b) 主界面　　(c) 搜索蓝牙　　(d) 卫星观测数据

图 9.5　手机软件界面及设备连接

此外，还可以使用轨迹记录与显示功能。若手机连接到辅助定位设备，并开启地基增强服务，则软件记录的是伪距差分定位的轨迹；若未连接到辅助定位设备，则记录的是手机内置卫星定位模块的定位结果。记录的轨迹可以在主界面点击历史记录按钮查看，如图 9.6 所示。

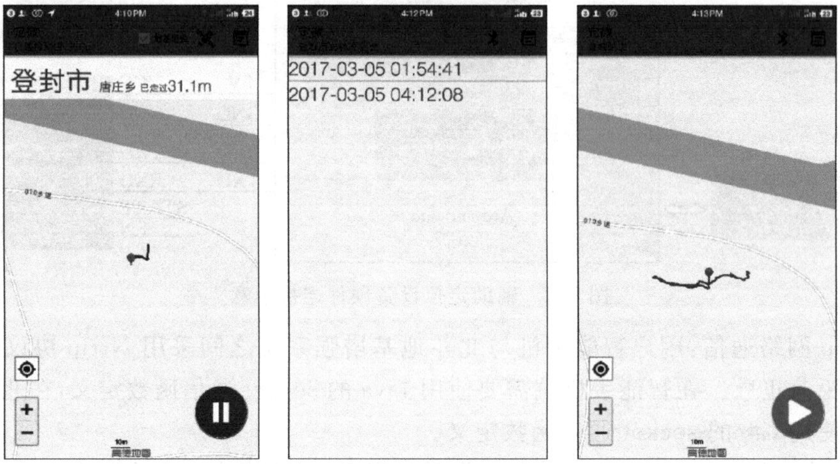

（a）RTD状态下进行记录　（b）选择历史记录　（c）查看历史记录

图 9.6　轨迹记录功能

参考文献

陈俊勇，2008. 中国现代大地基准：中国大地坐标系统 2000（CGCS2000）及其框架[J]. 测绘学报，37(3)：269-271.

陈亮，徐元，江涛，等，2015. 基于北斗导航系统的海洋渔业数据信息系统[J]. 安徽农业科学，43(2)：363-364.

陈娜，尤宝平，邓孟真，等，2019. 精密单点定位在建立海岛礁大地基准中的应用研究[J]. 海洋测绘，39(2)：26-29.

陈琪，陈俊，2018. 基于北斗系统的电力巡检应用软件的设计与实现[J]. 电气开关，56(5)：18-21.

陈豫蓉，2020. 5G 与北斗高精度定位融合发展趋势分析[J]. 电信工程技术与标准化，33(4)：1-6.

董云飞，王晨晨，赵金辉，等，2020. 基于北斗系统的滴滴轨迹安全监测与预警系统[J]. 科技风(14)：134-135.

杜雅宁，李国洪，王喜斌，2018. 基于北斗的远程老人健康监护系统设计[J]. 测试技术学报，32(3)：250-256.

范逸之，陈立元，2002. Visual Basic 与 RS-232 串行通信控制[M]. 北京：清华大学出版社.

冯胜涛，刘志广，占伟，等，2014. RINEX 观测数据文件格式及其应用[J]. 华北地震科学，32(1)：38-46.

葛艳，王健，孟友新，等，2010. 车辆导航动态路径规划的研究进展[J]. 公路交通科技，27(11)：113-117.

巩锐，陆继钊，孟慧平，2019. 北斗高精度定位技术在电力巡检中的应用：智能安全帽[J]. 信息技术与信息化，(10)：64-66.

韩阳，2017. 基于精密单点定位技术的大气水汽反演方法研究[D]. 郑州：信息工程大学.

郝金明，杨力，吕志伟，等，2013. 北斗卫星导航知识读本[M]. 北京：解放军出版社.

郝金明，吕志伟，2015. 卫星定位理论与方法[M]. 北京：解放军出版社.

胡刚，马昕，范秋燕，2010. 北斗卫星导航系统在海洋渔业上的应用[J]. 渔业现代化，37(1)：60-62.

黄山，吴振升，任志刚，等，2020. 电力智能巡检机器人研究综述[J]. 电测与仪表，57(2)：26-38.

黄文骞，2014. 海岛礁测绘的主要技术及方法[J]. 测绘通报(5)：123-126.

江宇旋，2016. 基于北斗和 GPS 的电力运维调度系统设计与实现[D]. 广州：华南理工大学.

姜天骄，2020. 北斗助力战“疫”更精准[J]. 发明与创新(大科技)(4)：56.

焦明连，2008. GNSS 气象探测技术及其应用[J]. 测绘科学，33(增刊 1)：149-150.

焦维新，2015. 北斗卫星导航系统[M]. 北京：知识产权出版社.

李刚，2011. 疯狂 Android 讲义[M]. 北京：电子工业出版社.

李慧. 2012. 基于 GNSS 的三维电离层层析反演算法研究[D]. 北京：中国科学院大学.

李林阳，吕志平，邝英才，等，2018. 高精度海底大地控制网建立方法分析与比较[J]. 测绘科学技术学报，35(4)：343-348.

李宁宁，刘玉树，2004. 改进的 Dijkstra 算法在 GIS 路径规划中的应用[J]. 计算机与现代化(9)：12-14.

李胜乐，陆远忠，车时，2004. MapInfo 地理信息系统二次开发实例[M]. 北京：电子工业出版社.

李跃，2008. 导航与定位：信息化战争的北斗星[M]. 2 版. 北京：国防工业出版社.

凌晓波，涂崎，方国盛，2018. 基于北斗的电力系统时间同步安全技术研究[J]. 自动化与仪器仪表(5)：84-88.

刘经南，陈冠旭，赵建虎，等，2019. 海洋时空基准网的进展与趋势[J]. 武汉大学学报(信息科学版)，44(1)：17-37.

刘利，时鑫，栗靖，等，2015. 北斗基本导航电文定义与使用方法[J]. 中国科学：物理学 力学 天文学，45(7)：62-68.

马涛，何迎利，景春峰，等，2014. 电力信息化系统时间同步技术研究与应用[J]. 电力信息与通信技术，12(2)：34-38.

毛克诚，2007. 基于航天器导航与交会对接的 GPS/INS 组合导航应用研究[D]. 郑州：信息工程大学.

宁津生,罗志才,李建成,2004.我国省市级大地水准面精化的现状及技术模式[J].大地测量与地球动力学,24(1):4-8.

钱德俊,张哲,胡晨,2007.NMEA0183 协议解析[J].电子器件,30(2):698-701.

冉自烜,欧阳嘉颖,陈章千,2018.基于北斗高精度电子围栏的共享单车管理研究[J].科技与创新(17):100-101.

沈淮,2020.战疫中的“危”中之“机”[J].卫星与网络(增刊1):4.

盛裴轩,毛节泰,李建国,等,2013.大气物理学[M].2版.北京:北京大学出版社.

孙蕊,林华,谢非,2017.北斗卫星导航系统在海洋渔业生产中的应用[J].渔业现代化,44(6):94-100.

田英国,2017.Swarm卫星精密定轨关键技术研究[D].郑州:信息工程大学.

王雄,2016.基于北斗卫星导航的罪犯行为分析方法[J].电子技术与软件工程(20):264.

魏子卿,2008.2000中国大地坐标系[J].大地测量与地球动力学,28(6):1-5.

吴洪昊,2017.基于电力巡检的无人机导航系统[D].淮南:安徽理工大学.

邢磊,杨洲,谢玲,2015.基于北斗的老人关爱位置服务应用设计与思考[J].数字通信世界(增刊1):40-43.

熊国虹,王阳,李兴旺,等,2018.基于北斗的自闭症儿童康复机器人[J].中国设备工程(19):142-143.

徐晓,邵清亮,张倩,等,2019.基于北斗校园导航系统的研究[J].电子世界(16):60-61.

杨必胜,孙丽,2008.导航电子地图的自适应多尺度表达[J].武汉大学学报(信息科学版),33(4):363-366.

杨新发,薛广南,2017.远距离海岛礁测量方法探析[J].测绘通报(增刊2):12-15.

杨元喜,2009.2000中国大地坐标系[J].科学通报,54(16):2271-2276.

杨元喜,徐天河,薛树强,2017.我国海洋大地测量基准与海洋导航技术研究进展与展望[J].测绘学报,46(1):1-8.

袁树友,2017.北斗应用100例[M].北京:解放军出版社.

张非非,胡健,佘兆宇,等,2014.基于载波相位平滑伪距的电离层延迟量计算[J].勘察科学技术(4):17-19.

张喆,2015.基于GNSS的电离层建模研究及应用[D].西安:长安大学.

章传银,蒋涛,柯宝贵,等,2017.高程系统定义分析与高精度GNSS代替水准算法[J].测绘学报,46(8):945-951.

赵海山,2017.电离层层析技术及电离层扰动研究[D].郑州:信息工程大学.

郑鹏勇,2017.基于北斗无线网的海洋渔业通讯系统设计与实现[D].杭州:浙江工业大学.

周碧松,2015.军事装备史[M].北京:国防大学出版社.

周文婷,王涛,袁鸣峰,等,2017.基于北斗短报文通信的用电信息采集系统的研制[J].电力自动化设备,37(12):211-217.

朱晓光,2016.北斗技术在移动通信中的应用[J].卫星与网络(5):26,28.

LARSON K M, BRAUN J J, SMALL E E, et al, 2010. GPS multipath and its relation to near-surface soil moisture content[J]. IEEE Journal of Selected Topics in Applied Earth Observations and Remote Sensing, 3 (1): 91-99.

ROSS R J, ELLIOTT W P, 2001. Radiosonde-based Northern Hemisphere tropospheric water vapor trends[J]. Journal of Climate, 14(7): 1602-1612.

北斗卫星导航应用管理学院（筹）支持本书出版